10~15세
미래 진로 로드맵

뉴노멀시대,
걱정 많은 부모가 반드시 챙겨야 할

최연구 지음

10~15세
미래 진로 로드맵

물주는아이

첨단 테크놀로지, 특히 디지털기술이 교육과 접목되면서 에듀테크 산업이 빠르게 발전하고 있다. 에듀테크는 우리 아이들의 교육과 학습방법을 근본적으로 변화시킬 것이다. 인공지능, 빅데이터 등 기술발전으로 인한 교육변화를 잘 알아야 자녀의 미래교육과 진로를 제대로 준비할 수 있을 것이다. 이 책은 에듀테크 발전에 따른 미래교육 변화와 자녀 진로 교육방법에 대한 좋은 지침서다.

이길호 한국에듀테크산업협회 회장, 타임교육C&P 대표

천재 물리학자 아인슈타인은 "누구든 천재적 재능은 있다. 하지만 만약 물고기를 나무 타는 능력으로 평가한다면 물고기는 평생 자신이 바보라고 믿으며 살 것"이라고 말했다. 교육은 우리 아이의 잠재능력을 끌어내 키우는 것이고, 영재교육 또한 영재학생의 능력과 창의성을 최대한 끌어올리는 것이다. 아이의 숨은 재능을 찾고 어린 시절부터 진로 로드맵을 차근차근 준비한다면 훌륭한 미래인재로 키울 수 있다. 자녀교육에 관심 있는 부모들에게 일독을 권한다.

성은현 호서대 유아교육과 교수(전 한국영재교육학회 회장, 전 호서대 부총장)

나는 어린 시절부터 로봇을 갖고 놀면서, 커서 로봇공학자가 되고 싶었고 온갖 로봇대회에 출전해 입상했다. 결국 대학졸업 후에는 코딩로봇 기업 럭스로보를 창업해 꿈을 이룰 수 있었다. 소프트웨어 교육은 빠르면 빠를수록 좋고, 21세기 디지털시대에는 어릴 때부터 코딩이나 로봇, 인공지능과 친해지는 것이 좋다. 부모와 자녀가 함께 미래를 그려보고 진로를 고민하는 데 좋은 길라잡이 역할을 할 책이다.

오상훈 럭스로보 창업자

차 례

1장 변화

아이가 살게 될 세상,
얼마나 제대로
알고 있는가?

2장 교육

메타버스 교실에서
인공지능 선생님과,
그다음은?

3장 능력

**뉴노멀 대비!
글로벌인재
체크리스트**

4장 꿈

아이 미래에
경제적 자유를!
골드클래스 직업 찾기

·
·

앞당겨진 미래, 우리 아이는 어떻게 살아갈까?

우리 삶의 모든 것이 바뀌고 있다. 4차 산업혁명, 디지털 대전환, 인 공지능(AI), 블록체인(Blockchain) 등 첨단기술로 시작된 변화의 물결이 세상을 뒤덮고 있다. 게다가 코로나19 팬데믹은 4차 산업혁명의 진행 을 더욱 가속화시키고 있다. 일하는 방식, 소통하는 방식, 살아가는 방식, 공부하는 방식 등 많은 것이 달라졌다. 예전에는 학교에 가서 공부하고 직장에서 일하는 것이 '노멀(Normal, 표준)'이었지만 4차 산 업혁명과 코로나19로 세상은 완전히 바뀌었다. 이제 집에서 공부하고 일하는 것이 자연스러운 세상이 되었다. 설사 팬데믹을 완전히 극복 한다고 하더라도 코로나 이전 세상으로 돌아가지는 않을 것이다. 비 대면 업무, 화상회의, 온라인학습, 온라인과 오프라인의 결합은 4차 산업혁명과 팬데믹이 야기한 '뉴노멀(New normal, 새로운 표준)'로 자리 잡았다. 그것은 디지털기술이 우리 삶을 변화시킨 결과이며 그 과정 에서 팬데믹은 변화를 조금 더 빠르게 했을 뿐이다. 교육과 학습에서도 이미 뉴노멀이 시작됐다. 뉴노멀시대에는 변화에 걸맞은 새로운 시각이 필요하다. 오늘의 세상은 어제의 세상과는 다르고, 내일은 또 다른 세상이 우리를 기다리고 있을 것이다. 변화는 그야말로 빛의 속도로 이루어지고 있고 정치, 경제, 산업, 문화, 교육 등 분야와 영역을 가리지 않는다. 직장도, 학교도, 교과서도, 이론도, 지식마저도 변화하고 있다. 어제 알고 있던 이론이 오늘은 필요 없는 지식이 되고, 예전에 학교에서 배운 기술이 지금은 아무짝에도 쓸모없는 기술이 되기도 한다. 오늘 배운 이론과 지식, 기술은 머지않아 수명을 다하고 말 것이다. 괴테(Johann Wolfgang von Goethe)는 《파우스트(Faust)》에서 "모든 이론은 회색이고 오직 영원한 것은 저 푸른 생명의 나무"라고 했는데, 맞는 말이다. 미래에도 아마 영원한 것은 없을 것이다.

사회는 끊임없이 변화한다. 사회변동의 가장 중요한 두 요인은 발명과 발견, 즉 기술개발과 과학연구다. 발명과 발견, 과학과 기술의 발전으로 세상은 부단히 변화한다. 직업세계도, 사회가 필요로 하는 인재상도, 교육방식과 지식도 변화한다. 이런 격변의 세상에서 미래를 준비하고 인재가 되는 것은 참으로 어려운 일이다. 자녀를 둔 부모님들은 미래가 불확실한 세상에서 우리 아이들이 커서 어떤 일을 하면서 어떻게 살게 될지 걱정이 이만저만이 아니다. 하지만 많이 걱정하고 고민한다고 미래가 보이는 건 아니다. 미래학자들은 "미래를 예측하는 가장 좋은 방법은 미래를 창조하는 것"이라는 말을 즐겨 쓴다. 미래를 예측하기는 어렵지만, 트렌드를 파악해

변화에 대응하고 준비한다면 자신이 원하는 미래를 만들어낼 수 있다. 사실 자녀의 미래를 준비하고 '미래 진로 로드맵'을 그려보는 건 정말 어렵다. 만약 그게 나의 미래를 준비하는 거라면 내가 열심히 하고 죽어라 노력하면 되겠지만 자녀는 내 기대나 욕심대로 따라주는 것도 아니고, 인생 경험이나 동기부여도 부족하기에 늘 안쓰럽기만 하다. 이런 부모님들을 위해 용기를 내 감히 이 책을 쓰게 되었다. 변화가 너무 빨라 변화를 따라잡기도 힘거울 지경인데, 미래를 생각하고 아이의 진로까지 설계해야 한다니 덜컥 두려움이 앞설 수도 있다. 하지만 미래는 정해져 있지 않고 진로 계획도 여러 번 수정할 수 있다. 중요한 것은 미래 진로를 충분히 생각해보고 진로 로드맵을 그려봤느냐 하는 것이다. 미래의 변화에 대한 객관적 정보와 지식을 바탕으로 우리 아이의 미래 진로를 큰 그림으로 그려보고, 직업변화 트렌드에 따라 부모와 자녀가 구체적으로 로드맵을 작성해보는 노력만으로도 미래 준비에 큰 도움이 될 수 있을 것이다.

20년 후의 유망직업들이 구체적으로 어떤 것인지 정확히 예측할 수 없어도 유망직업군과 직업변화 트렌드는 알 수 있다. 그렇기에 진로설계도 방향을 잡아 아이에게 맞는 유망직업군을 추려보고 몇 년 단위로 계획을 세우는 것이 이 책에서 이야기하는 '미래 진로 로드맵'이다. 특히 부모가 자녀의 진로를 현실적으로 고민하는 시기가 보통 초등학교 3학년~중학교 2학년 정도이기에 책 제목에도 '10~15세'라는 나이를 넣었다. 그렇지만 숫자에 너무 집착할 필요는 없다. 아이가 10~15세 정도일 때 함께 진로를 진지하게 고민하고 미래 진로 로드맵의 큰 그림을 그려보면 가장 좋겠지만 조금 더 빠르거나 늦어도 괜찮다. 지나치게 빠르거나 너무 늦지만 않으면 된다. 무엇보다 중요한 것은 충분한 공부, 진지한 고민과 준비다. 결국 미래는 준비하는 자의 것이다.

먼저 책의 본문에 미처 담지 못한 말, 어쩌면 더 중요할지도 모르는 이야기를 몇 가지 하려고 한다. 필자가 하는 이야기들은 나 자신의 경험과 학습과 연구의 산물이다. 나 자신이 부모고 학부모였다. 세상에 부모처럼 어려운 일은 없다. 좋은 부모가 되는 법을 가르쳐주는 곳도 없고 예행연습을 해볼 수도 없다. 누구나 부모는 처음이기에 미숙할 수밖에 없다. 지나고 나면 남는 건 아쉬움과 후회다. 하지만 누군가의 앞선 경험은 뒤따라오는 사람에게는 이정표가 될 수 있고, 경험과 연구를 기반으로 하는 전문가의 조언이 때로는 큰 힘이 되기도 한다. 한 사람의 부모로서, 그리고 오랜 기간 교육과 과학 분야에서 연구한 전문가로서 이야기를 하려고 한다.

과학과 문화의 나라에서 배운 미래교육의 비책

내 아들은 나의 프랑스 유학 시절에 태어났다. 프랑스에서 출생신고를 했고 멀리 이국땅에서 프랑스어로 옹알이를 하던 중 두 살 때

한국으로 귀국했다. 나는 프랑스 유학 생활 중에는 〈한겨레21〉 파리 통신원을 하면서 취재를 다녔고 프랑스의 오피니언 리더들과 인터뷰도 많이 했기에 프랑스사회를 꼼꼼히 관찰할 수 있었다. 또한 프랑스인들의 교육방식과 프랑스 부모들의 자녀교육을 가까이서 지켜보면서 많은 것을 배울 수 있었다. 귀국해서는 정신없이 바쁘게 지냈고, 우리 부부는 맞벌이였기에 솔직히 아이의 교육을 위해 충분히 시간을 내서 제대로 돌보거나 멘토링을 해주지 못했다. 그래서 우리 아이는 주로 혼자서 공부했고, 중고등학교에 다니면서는 과외는커녕 학원에도 다니지 않았으며 혼자 인터넷강의를 들으면서 자기주도 학습을 했다. 게다가 강남 8학군도 아니었고 학군이 그리 좋지 않은 성동구의 신생 공립고등학교를 다녔다. 하지만 결국 자기 학교에서 유일하게 서울대학교에 합격했다. 아이에게 사교육을 시키지 않고 아이를 믿고 자기주도 학습을 하도록 한 것이 오히려 큰 도움이 된 것이라고 굳게 믿고 있다. 대신 아이를 믿어주고 늘 격려했고 잔소리나 간섭을 하지 않았으며 아이의 의견을 최대한 존중해주었다. 본문에서도 이야기하고 있지만 아이 '스스로' 공부에 대한 동기부여를 하고 열심히 한 것이 최고의 비결이었다.

사실 과학과 문화의 선진국 프랑스에서 보낸 7년의 삶은 자녀교육에도 큰 도움이 됐다. 가령 프랑스에는 사교육이나 학원이라는 개념이 존재하지 않는다. 학습부진아를 위한 개인교습은 있지만 대학입시를 위한 사교육이나 입시학원 자체가 없다. 그런 프랑스를 보면서 나름대로 확고한 교육철학을 갖게 되었다. 프랑스에서 들은 바로는, 어린 자녀가 엄마와 대화를 많이 하는 것과 아빠와 대화를 많이 하는 것은 지성의 발달에 큰 차이가 있다고 한다. 여성인 엄마는 섬세하고 감성적이고 사용하는 용어도 아빠와는 다를 것이다. 아이의 성장과정에서 이성적, 사교적인 아빠가 아이와 대화를 많이 하면 아이가 배우는 어휘도 많아지고 사회성도 더 강화될 수 있다고 한다. 보통 우리 사회에서 아이들을 교육하고 돌보는 사람은 대부분 엄마들인데, 아빠와 대화를 많이 하는 것은 또 다른 교육효과를 얻을 수 있다. 프랑스에서 주위들은 이런 이야기들을 최대한 우리 아이 교육에 적용하려고 애썼고, 나름 효과적이었다고 생각한다.

또 한 가지는 다양한 경험의 중요성이다. 낯선 친구와 만나 어울리고 새로운 사회와 문화를 접하는 것은 책을 많이 읽고 공부를 많이 하는 것보다 훨씬 중요하다. 최고의 학습법은 여행이라고 생각한다. 여행은 견문을 넓히는 가장 효과적인 방법이고 생생한 학습이며 오랫동안 기억되는 경험이다. 특히 문화가 다른 외국을 여행하는 것은 정말 좋은 교육이다. 프랑스인들은 한두 달간의 긴 바캉스를 떠나기 위해 1년 내내 열심히 일하는 사람들이다. 색다른 경험과 여행을 좋아하는 프랑스인들이 세계문화를 주도한 민족이 된 것은 결코 우연이 아니다. 그래서 우리 아이에게는 어릴 적부터 의도적으로 해외여행 기회를 많이 갖도록 했다. 매년 휴가는 가족이 같이 외국에 나갔고 해외의 먹거리, 역사, 문화 체험학습의 기회로 삼았다. 프랑스, 일본, 타이완, 중국, 베트남 등 매번 다른 나라를 정해 가족여행을 했고, 우리와 다른 문화를 경험하게 했다. 이런 경험이야말로 아이에게 세상과 미래를 바라보는 관점과 견문을 넓혀주었다고 확신한다. 공부도 중요하지만 여행이나 다양한 경험을 통해 생생한 체험학습을 하는 것은 더더욱 중요하다.

공부에 대해 말하자면, 무작정 오랜 시간 열심히 하는 것보다는 체계적으로, 스마트하게, 자기주도적으로 하는 것이 더 중요하다. 무엇보다 근본적으로 아이 자신이 자기의 미래에 대해 많이 생각하고 미래를 준비하려는 의지를 갖게 해야 한다는 것이다. 《어린 왕자(Le Petit Prince)》의 저자 생텍쥐페리(Antoine de Saint-Exupéry)는 "만약 배를 만들고 싶다면 사람들을 불러 모아 목재를 마련하고 임무를 부여하고 일을 나눠줄 것이 아니라 그들에게 무한히 넓은 바다에 대한 동경심을 심어주어야 한다"고 말했다. 시켜서 하는 공부, 마지못해서 하는 공부, 수동적인 태도로 미래를 준비하는 것으로는 아무것도 이룰 수 없다. 무한히 넓은 바다에 대한 동경심을 갖듯이 자신의 미래가능성에 대한 꿈과 희망을 가져야 한다. 스스로에 대한 믿음과 동기부여가 반드시 필요하다. 미래에 대한 정보와 예측, 효과적인 학습법 등은 그다음이다.

아이의 진로를 고민하기 전에 부모가 꼭 알아야 할 것들

이 책은 4차 산업혁명과 미래교육 등에 대해 필자가 강연해왔던 내용, 그리고 교육부 네이버 포스트에 연재했던 미래교육 칼럼, 머니투데이 등에 썼던 칼럼들을 바탕으로, 자녀의 진로 로드맵을 설계하고자 하는 부모를 위해 새롭게 쓴 책이다. 크게 4개의 장으로 구성되어 있는데, 1장은 4차 산업혁명과 미래에 대한 전망이다. 인공지능, 첨단로봇, 빅데이터(Big data), 사물인터넷(IoT), 블록체인 등 4차산업혁명을 이끄는 핵심기술들이 우리 사회와 미래를 어떻게 바꿀 것인지를 전망해보고 미래예측과 준비에 대해 생각해본다. 2장은 미래변화를 교육의 관점에서 생각해본다. 4차 산업혁명이나 팬데믹으로 학교와 교육은 어떻게 변화할지, 우리는 미래교육을 어떻게 준비해야 할지 등에 대한 내용이다. 3장은 그래서 미래사회에는 어떤 인재가 필요한지, 그런 인재가 되기 위해서는 어떤 역량이 필요한지에 대해 다루었다. 마지막 4장은 미래직업에 대한 이야기다. 4차 산업혁명이 직업세계를 어떻게 바꿀지, 사라지는 일자리와 새로 생겨나는 일자리는 어떤 것일지, 미래직업 세계의 트렌드는 무엇이고 어떤 직업이 유망할지 등에 대해 이야기할 것이다.

다소 전문적인 내용이라 어렵게 다가올 수도 있겠지만 우리에게 익숙해진 많은 것들이 처음에는 그렇지 않았음을 떠올려보면 좋겠다. 전체를 주욱 읽고 나면 분명 도움이 될 것이다. 이 책은 사회 전체의 미래변화, 다음은 미래교육의 변화, 그다음은 미래의 인재상을 살펴본 후에 미래직업에 대해 진지하게 생각해볼 수 있도록 그 흐름에 따라 순서를 구성했다. 차례대로 읽으면 좋겠지만, 각 장별로 따로따로 또는 필요한 부분을 먼저 읽어도 무방하다.

객관성을 견지하기 위해 전문적인 보고서나 전문가의 의견을 최대한 참고하였지만, 그럼에도 불구하고 필자의 주관적인 생각이 많이 담겨 있음을 염두에 두고 읽기를 바란다. 이 책에는 미래와 교육에 대한 많은 정보와 지식, 필자 나름의 노하우와 지혜를 담고 있지만 그것이 법칙은 아니며 진리는 더더욱 아니다. 모든 사람에게 적용되는 법칙이나 노하우는 없다. 정보와 지식을 쌓고 꾸준히 공부하다 보면 나름대로 요령이 쌓이는데 그것이 지혜가 된다. 데이터가 쌓여야 정보가 되고 정보가 쌓여야 지식을 얻을 수 있고 지식이 많아야 비로소 지혜를 얻을 수 있다. 지혜는 정답처럼 가르쳐주거나 전달할 수 있는 것이 아니라 경험과 공부를 통해 체득하고 체화하는 것이다. 배움에 왕도가 없듯이 자녀교육에도 왕도는 없다. 좋은 부모가 되기 위해서는 꾸준한 공부가 필요하다. 필자가 공부하고 대학입학을 준비하던 시절과 지금은 완전히 다른 세상이다. 그때의 경험이나 노하우는 지금은 별로 소용이 없을 것이다. 아인슈타인(Albert Einstein)의 말처럼 지금까지 하던 대로 계속하면서 더 나은 결과를 바라는 것은 참으로 어리석은 일이다. 새로운 세상에는 새로운 방법이 필요하다. 뉴노멀시대는 누구에게나 공평하게 생소하며, 누구나 처음 겪는 세상이다. 부모도 자녀도 마찬가지다. 이전의 생각, 정보, 지식은 잊어버리고 새롭게 공부하고 부단히 학습하면서 변화에 걸맞은 준비가 필요하다. 책을 읽는 부모님들에게 이런 마음 가짐과 자세가 가장 중요하다는 점을 다시금 당부드린다.

책 한 권으로 미래를 대비할 수는 없겠지만, 그래도 이 책이 우리 아이들의 미래를 진지하게 생각해보고 미래를 준비하는 계기가 될 수 있다면 더 바랄 나위가 없겠다. 책을 읽으면서 무조건 받아들이지 말고 '과연 그럴까'를 생각해보고 자녀에게 도움이 될만한 내용을 찾아내는 것이 중요하다. "최후에 웃는 자가 승리한다"는 말이 있다. 승리하는 것이 인생의 목표가 될 수는 없을 것이고 인생에 승리자와 패배자가 어디 있겠냐마는 그래도 미래에는 부모님들과 아이들이 함께 웃을 수 있으면 좋겠다. 미래에 웃으려면 지금 시간을 아껴 미래를 준비해야 한다. 아무쪼록 이 책이 부모님과 아이들에게 길라잡이가 되기를 바란다.

마지막으로 이 책 집필을 제안해준 백도씨 출판사에 감사드리고, 집필 기간 내내 독려하고 초안을 읽으며 좋은 의견을 주신 편집자 김은영 팀장님, 꼼꼼히 문구 하나하나 검토하고 편집해주신 정윤정 에디터에게 지면을 빌려 감사드린다.

2022년 봄
최연구

변화

4차 산업혁명과 코로나19 팬데믹을 빼고는 미래를 이야기할 수 없다. 교육도 예외일 수는 없다. 4차 산업혁명은 우리 사회, 문화, 일상 등 모든 것을 바꾸고 있고 코로나19 역시 엄청난 변화를 야기하고 있기 때문이다. 사물인터넷, 인공지능, 자율주행차, 디지털기술 등은 단순히 기술혁신의 문제가 아니며 아이들의 삶과 미래가 달린 문제다. 이제 부모님들은 이러한 변화의 흐름이 사회를 어떻게 바꿀 것이고 교육에는 어떤 영향을 미칠 것인가에 주목해야 한다.

아이가 살게 될 세상,
얼마나 제대로
알고 있는가?

4차 산업혁명 세상, 미래는 이미 왔다!

📑 〈백 투 더 퓨처〉가 현실로

SF영화를 보다가 자녀들이 갑자기 부모에게 질문을 쏟아낸다. "아빠, 미래에는 정말 로봇이 세상을 지배하게 돼요?" "엄마, 저런 똑똑한 인공지능 로봇은 언제쯤 만들어질까요?" "미래에는 로봇친구와 같이 학교에 다니게 될까요?" "미래에는 달나라여행, 우주여행도 갈 수 있나요?" 정말 궁금해서 물어보는 자녀의 질문에 부모님들은 뭐라고 답할 건가. "그건 먼 미래에나 가능한 일이지, 방에 들어가서 숙제나 열심히 해"라며 답을 회피할 건가. 이런 질문을 하는 아이들은 정말 미래가 궁금해서 물어보는 것이다. 우리 부모님들도 어릴 적에는 애니메이션을 보며 미래를 꿈꾸었고, 〈백 투 더 퓨처〉, 〈로보캅〉 같은 SF영화를 보면서 '언젠가 저런 세상이 오겠지'라며 과학기술의 힘을 동경했던 기억이 있을 것이다.

과학기술이 발전하면서 SF영화를 접하는 기회도 부쩍 많아졌다. 컴퓨터그래픽 기술도 발전하고 과학적 상상력도 기발해져서, 블록버스터 SF영화를 보면 정말 환상적이고 꿈같은 세상이 펼쳐진다. 운전사 없는 자율주행 택시가 하늘을 씽씽 날아다니고 거리에는 육안으로는 사람과 거의 구분되지 않는 휴머노이드형 로봇경찰, 로봇청소부들이 마구 돌아다닌다. 육아, 요리, 청소 등 집 안의 가사노동은 대부분 로봇이 전담하고, 모든 가전기구들은 음성인식은 기본이고 안면인식 기능까지 갖추고 있어 주인을 알아보고 명령에 따라 척척 움직인다. 심심할 때는 사람과 수다를 떨며 함께 재미있게 시간을 보내기도 한다. 1인1로봇 시대가 도래해 누구나 인공지능 로봇을 개인비서로 두고, 똑똑한 로봇은 매일 주인의 일정을 관리해주고 유용한 정보도 찾아주며 업무를 대신 처리해주기까지 한다. 아이들은 학습로봇이나 로봇튜터(Tutor, 가정교사)가 없으면 혼자서는 뭘 어떻게 공부해야 할지 모르는 세상이 될지도 모른다.

기술이 인간을 자유롭게 해주는 이런 영화 같은 세상이 과연 오긴 올까. 만약 온다면 언제쯤 올까. 누구나 막연히 이런 세상이 언젠가는 올 것이라고 생각은 한다. 그런데 그 '언젠가'라는 시점이 우리 생각보다 훨씬 빠를 수도 있다. 미래학자나 기술예측 전문가들은 이런 미래가 머지않은 시간에 가능할 수 있다고 말한다. 미래의 모습을 구체적으로 묘사한 다음과 같은 예측을 살펴보자.

"인구의 10%가 인터넷에 연결된 의류를 입는다. 1조 개의 센서가 인터넷에 연결된다. 미국 최초의 로봇의사가 등장한다. 3D프린터로 제작된 자동차가 최초로 생산된다. 5만 명 이상이 거주하지만 신호등이 하나도 없는 도시가 최초로 등장한다. 전 세계 GDP의 10%가 블록체인 기술에 저장된다. 기업의 이사회에 인공지능 기계가 최초로 등장한다."[1]

책 《클라우스 슈밥의 제4차 산업혁명(The Fourth Industrial Revolution)》에 나오는 내용이고, 다보스포럼˙이 발표한 보고서를 인용하고 있다. '4차 산업혁명 전도사'라 불리는 저자 클라우스 슈밥(Klaus Schwab)이 이 책에서 묘사하는 미래가 실현될 것이라고 예측한 시점은 그렇게 먼 미래가 아니다. 이 보고서를 발표하던 시점인 2015년으로부터 10년쯤 뒤(2025년)에 일어날 '티핑포인트(Tipping point)'로 제시했던 내용이다. 티핑포인트란 어떤 현상이 서서히 진행되다가 어느 한순간 폭발하게 되는 시점을 말한다. 물을 끓이면 80도, 90도 이렇게 온도가 높아지다가 끓는점에 도달하는 순간 표면과 내부에서 기포가 발생하며 끓기 시작한다. 이렇게 폭발적으로

● 글로벌기업의 CEO, 경제 관련 국제기구 주요 인사들, 각국 경제장관, 세계 정치경제의 지도자, 글로벌 오피니언 리더 등 세계경제를 이끄는 리더들이 모이는 다보스포럼의 정식 명칭은 '세계경제포럼(World Economic Forum)'이다. 매년 연초에 개최되는데, 그해 주제를 보면 세계경제의 트렌드를 알 수 있는 주요한 행사다. 클라우스 슈밥은 다보스포럼의 설립자이자 의장이다.

변화가 일어나는 시점을 티핑포인트라고 한다. 우리가 살고 있는 사회도 티핑포인트를 전후해서 엄청난 변화를 겪을 것이다. 그 변화는 가히 혁명적이라 할만하다. 클라우스 슈밥의 예견처럼 몇 년 내에 이런 일들이 정말 실현될지는 좀 더 두고 봐야 할 것이다. 하지만 분명한 것은 변화는 벌써 시작되었고 지금도 계속되고 있으며 기술적 관점에서 보면 이런 미래는 충분히 가능하다는 점이다. 지금 우리가 겪고 있는 4차 산업혁명은 말 그대로 혁명이다. 옛날에는 혁명이 사회경제의 모순에 의해 체제의 질서가 붕괴되고 가치관이 근본적으로 바뀌는 정치적이고 사회적인 변화였다. 프랑스 대혁명처럼 민중들이 무장봉기하고 감옥을 습격하고 왕정을 전복하는 것이 혁명이었다. 하지만 오늘날과 같은 첨단기술 시대의 혁명은 그 양상이 사뭇 다르다. 기술이 사회를 변화시키는 원동력이고, 첨단기술 변화도 충분히 혁명이 될 수 있다.

교과서에 나오는 역사적 사건인 산업혁명의 시작도 기술혁신이었다. 제임스 와트가 발명한 증기기관은 면에서 실을 뽑는 방적기에 적용되면서 대량으로 옷감을 생산할 수 있게 해주었다. 단지 신기술발명 차원의 변화가 아니라 사람의 노동으로 실을 뽑는 작업이 기계로 대체된 기술혁신이자 기계노동이 모든 공장생산에 적용되기 시작한 사회적 혁명이었다. 면직물산업에 증기기관과 증기에너지가 사용되면서 시작된 변화는 산업 전반에 걸쳐 확산되었고, 그 과정에서 기계공업과 제철업, 석탄산업 등이 발달했다. 도로, 운하, 철도 등 교통수단도 획기적으로 발전했다. 새로운 도로포장법이 개발돼 도로망이 조성되고 운하도 건설되었다. 철도는 처음에는 탄광 내에서만 사용되다가 점점 광산과 공업지역을 잇는 교통수단이 되었다. 산업혁명의 결과, 가내수공업 대신 공장제 기계생산이 자리를 잡게 되었다. 산업혁명 종주국이었던 영국은 일약 세계산업의 중심지가 되었고 '세계의 공장'이라 불리게 되었다.

☜ 코앞만 보는 부모 vs. 앞을 내다보는 부모

기술혁신으로 시작된 산업혁명은 기술과 고용, 교통, 산업 등 다양한 영역에서 큰 변화를 야기했다. 변화는 경제 영역에 국한되지 않았다. 사람들이 생활하는 방식이나 일상적인 문화에도 영향을 미쳤고 사회 전반에 걸친 변화를 가져왔다. 교육도 예외는 아니었다.

역사적으로 '공교육(Public education)' 체제가 만들어진 것은 산업혁명 이후 19세기 무렵이다. 공교육이 산업혁명 이후 시작됐다는 시점이 중요한 게 아니라 공교육은 산업혁명이라는 변화의 결과라는 점이 중요하다. 공교육 체제 이전의 교육은 귀족이나 상류층 등 기득권을 위한 교육뿐이었다. 중세시대 평민, 서민 등 일반인들은 교육의 수혜자가 아니었다. 교육의 필요나 수요 자체가 없었던 시절이다. 산업혁명으로 도시화가 이루어지고 도시의 공장노동자가 비약적으로 증가하면서 경제활동에 참여하는 산업인력을 수급하기 위해 교육이 필요했던 것이다. 공교육의 필요성이 제기되면서 국가는 최소한의 소양을 갖춘 시민을 양성하기 위한 의무교육 제도를 만들었는데 이것이 바로 공교육이다. 이를테면 공교육은 건전한 시민(public)을 위한 최소한의 소양교육을 말한다. 애초에 공교육이 목표로 삼았던 것은 글을 읽고 쓸 줄 아는 문해력과 셈을 할 줄 아는 능력이다. 이를 읽기(Reading), 쓰기(Writing), 연산(Arithmetic) 등 3R이라고 한다. 기술혁신으로 시작된 산업혁명은 교육의 변화, 공교육 제도화로까지 이어진 것이다.

산업혁명의 부산물인 공교육은 3R 토대 위에 만들어졌다. 읽고 쓰고 셈하기를 가르치는 19세기 공교육은 오늘날과 같은 디지털 대전환시대에는 뭔가 부족한 점이 있다. 시대변화에 부응하지 못할 뿐만 아니라 사회적 요구에 비춰보더라도 미흡하다. 최근 초중등 교육에 SW(소프트웨어)교육 의무화가 도입된 것은 이런 변화를 반영한 것이다. 사회가 변화하면 교육도 변화한다. 교육이 미래를 준비하기 위한 것이라면, 좋은 교육은 미래변화 트렌드를 제대로 반영하는 교육을 말한다. 산업화시대 교육으로 디지털시대 인재를 길러낼 수는 없는 법이다. 사회가 끊임없이 변화하듯이 교육 또한 부단히 변화한다. 교육내용도 바뀌고 교수법, 교육제도도 변화한다. 미래를 준비하려면 미래변화를 제대로 읽어야 한다. 어떤 미래가 오느냐에 따라 지금 준비해야 하는 것이 달라지기 때문이다. 좋은 교육을 위해 미래예측과 트렌드에 대한 이해가 반드시 필요한 이유다.

산업혁명으로 방직기, 방적기가 인간노동을 대체하면서 일자리를 빼앗긴 공장노동자들이 자신의 일자리를 지키기 위해 집단적으로 기계를 파괴하며 폭동을 일으켰던 것이 이른바 '러다이트 운동(Luddite movement)'이다. 하지만 변화의 흐름에 역행하는 이런 방식의 대응은 전혀 바람직하지 않으며 근본적인 해결책이 될 리도 만무하다. 지금 우리가 맞고 있는 4차 산업혁명 역시 대량실업 등의 사회적 위기를 야기할지도 모른다. 만약 우리 자녀들이 오랫동안 자신이 갖고 싶은 장래희망 직업을 위해 10여 년을 열심히 공부하고 준비했는데, 그 직업이 미래에는 사라진다면 얼마나 허망하겠는가. 그냥 남들보다 더 열심히 하는 것만으로는 부족하다. 또한 이제까지의 유망직업이 앞으로도 계속 그러리라는 보장도 없다. 그래서 뉴노멀시대, 자녀교육을 위해서는 미래변화에 대한 이해가 반드시 필요하다는 것이다.

과학·교육 전문가가 정리한
미래변화 Big 3

유토피아? 디스토피아?

지금 우리는 4차 산업혁명이라는 대격변시대를 살고 있다. 엎친 데 덮친 격으로 코로나19 팬데믹까지 겹쳐 앞으로 세상이 어떻게 변화할지 가늠하기가 어렵다. 하지만 적어도 변화의 규모가 엄청날 것이라는 점은 확실하다. 팬데믹은 또 다른 변수다. 4차 산업혁명과는 그 본질과 성격이 다르지만 근대화, 산업화로 인해 자연생태계가 파괴되고 박쥐 등의 서식지가 줄어들면서 발생한 재난이라는 점에 비추어본다면 산업혁명과 무관하지는 않다. 또한 코로나19가 장기화되면서 재택근무, 원격의료, 원격수업 등 비대면 생활이 늘어나 결과적으로는 4차 산업혁명을 가속화하고 있기에 미래를 예측하는 데 반드시 고려해야 하는 요인이 되었다.

빅데이터, 사물인터넷, 인공지능 등 첨단과학 기술이 주도하는 4차 산업혁명은 우리에게 어떤 미래를 가져다줄까? 누구도 미래를 정확하게 예측할 수는 없다. 하지만 기술발전 추이와 트렌드변화를 면밀하게 관찰해보면 미래사회 변화의 큰 방향은 어느 정도 그려볼 수 있다. 이미 우리는 SF소설이나 영화를 통해 미래를 상상하고 예측해왔다. 미래에는 어렵고 힘든 일은 사람 대신 로봇이 하고, 사물인터넷과 클라우드는 세상의 모든 것을 연결해줄 것이다. 거리에는 자율주행차가 다니고, 하늘에는 드론택시가 날아다니는, SF영화에서나 볼 수 있던 그런 장면들이 머지않아 우리 눈앞에 펼쳐질 것이다. 그런 세상이 정말 올까를 의심하는 사람은 별로 없다. 첨단과학 기술은 분명 인간의 삶을 더 편리하게 만들겠지만, 그로 인해 발생하는 부작용이나 위험, 사회적 갈등 또한 적지 않을 것이다. 유토피아가 되든 아니면 디스토피아가 되든, 우리는 뉴노멀시대를 상상하고 예측하고 준비해야 한다. 그러면 좀 더 다양한 측면에서, 구체적으로 미래를 상상해보자.

🖱 첨단기술과 코로나19 이후의 새로운 세상

첫째, 미래사회의 가장 큰 변화는 일자리, 산업, 경제 영역에서 이루어질 것이다. 먹고사는 문제가 걸려 있는 만큼 사람들이 가장 관심을 갖는 영역이다. 4차 산업혁명의 핵심기술은 우리 삶의 거의 모든 영역에서 자동화, 지능화를 가속화시키고 있다. 그렇게 되면 인공지능과 로봇은 단순반복적인 인간노동을 대신할 것이고 인공지능, 빅데이터, 로봇 등과 관련된 새로운 일자리는 늘어날 것이다.

로봇에 기름칠하고 가사로봇의 AS를 하는 일 등 지금은 존재하지도 않는 새로운 직업이 많이 생겨날 것이고, 서로 다른 분야나 기술 간 융합으로 신산업이 생겨날 수도 있다. 예를 들어, 금융 분야에서는 금융(Finance)과 테크놀로지(Technology)가 결합하는 핀테크(Fintech) 산업이 성장하고, 교육 분야에서는 교육과 첨단기술의 융합으로 에듀테크(Edutech) 기업들이 우후죽순처럼 생겨날 것이다. 거의 모든 영역에 첨단 테크놀로지가 적용될 것이다. 법률 영역은 리걸테크(Legaltech), 부동산(Property) 영역은 프롭테크(Proptech) 등 신산업과 새로운 일자리가 늘어날 것이다. 반면 현재 일자리 중 상당 부분이 사라지고 산업구조가 근본적으로 재편됨에 따라 고용불안, 대량실업 등 고질적인 사회문제가 발생할 수 있다. 물질적으로는 더 풍요로워질지 몰라도, 직장인들은 하루하루 내 일자리가 언제 사라질지 모른다는 상시적인 불안감 속에서 살아갈지도 모른다.

둘째, 미래사회는 인공지능과 빅데이터, 정보통신 기술(ICT)의 발달로 이른바 '초지능화' 현상이 일반화될 것이다. 제품을 생산하는 공장에서는 모든 생산 공정이 디지털화되고 중앙컴퓨터 모니터를 보면서 공장 현장의 모든 기계를 원격으로 완벽히 제어할 수 있는 '스마트 팩토리'로 바뀌고 생산력은 기하급수적으로 증가할 것이다. 행정, 복지, 의료, 교육 등 모든 영역에 빅데이터와 인공지능 기술이 도입되면 데이터 기반으로 분석하고 예측하고 인공지능이 최적의 솔루션을 신속하게 찾아주는, 그야말로 똑똑한 세상이 될 것이다. 데이터, 정보, 지식의 축적과 발달속도는 점점 더 빨라질 것이고, 인류는 지식정보의 홍수 속에서 살게 될 것이다.

지식정보 범람이 좋은 것만은 아니다. 인스턴트 지식과 실용적 기술은 빠르게 만들어졌다가 사라지는 반면, 깊은 성찰을 필요로 하는 인문학 지식은 오히려 위기를 맞을 수 있다. 전자계산기는 인간보다 계산능력이 뛰어나고 더 정확하다. 또한 인공지능은 인간보다 훨씬 뛰어난 인지능력, 연산능력, 데이터 처리능력을 갖고 있다. 미래의 인간은 인지하고 사고하는 기능의 상당 부분을 인공지능에게 아웃소싱하게 될 것이고 이 때문에 기억력, 인지능력, 사유능력은 오히려 떨어질 수 있다. 디지털화의 부작용이 디지털치매이듯이, 스마트사회에서는 스마트치매가 만연할 수 있다. 인공지능 기계에게 일자리를 빼앗긴 인간이 상대적 박탈감, 울분, 소외감, 자존감 저하 등에 시달리거나 인간의 정체성에 대한 혼란을 느낄 수도 있다.

셋째, 미래사회는 모든 것이 연결되는 '초연결사회'가 될 것이다. 최첨단 기능을 탑재한 스마트 디바이스 덕분에 업무나 커뮤니케이션은 더 편리해질 것이다. VR(Virtual Reality, 가상현실), AR(Augmented Reality, 증강현실) 또는 이 둘이 결합된 MR(Mixed Reality, 혼합현실) 등

XR(eXtended Reality, 확장현실)기술의 발달 덕분에 가보지 않고 만져 보지 않아도 간접체험이 가능하고, 테크놀로지의 도움으로 우리의 감각을 증강시켜 현실보다 더 생생한 가상체험을 맛볼 수 있다. 자연인으로서의 인간감각은 한계가 있지만 첨단기술 도구를 사용하면 인간은 더 멀리 보고, 더 멀리서 듣고, 감정을 공유할 수 있다. 지구 반대편에 있는 사람과 실시간 대화가 가능하고, 물리공간이 아닌 가상공간에서 각자의 아바타들이 대화하고 게임도 하고 함께 어울릴 수 있다.

코로나19 이후 '메타버스(Metaverse)'라는 새로운 세상이 핫이슈가 되고 있다. 메타버스란 '가상, 초월'을 뜻하는 '메타(Meta)'와 '현실세계'를 뜻하는 '유니버스(Universe)'의 합성어로 현실과 연계된 가상세계를 말한다. 전 세계 2억 명 이상의 청소년들이 즐기는 미국의 로블록스나 네이버의 제페토, SK텔레콤의 이프랜드 등이 대표적인 메타버스 플랫폼이다. 이용자의 대부분이 9~12세다. 메타버스 플랫폼에서는 자신을 닮은 아바타를 만들고 패션아이템을 사서 꾸밀 수 있다. 사이버공간에서 게임을 하고 여행을 다니며 전 세계의 친구들을 사귈 수도 있다. 게다가 메타버스 플랫폼 안에서 앱이나 게임을 만들어 사고팔 수도 있다. 로블록스 같은 플랫폼 안에서는 사이버세상의 경제시스템이 돌아간다. 게임아이템을 사려면 게임 속 화폐 로벅스가 필요하고 현금으로 구매하거나 게임활동으로 벌 수 있다. 이미 게임을 만들어 돈을 버는 아이들도 많다. 2020년 기준으로 전 세계 약 120만 명이 1,000만 원 이상 수익을 올렸다고 한다. 아마 미래에는 메타버스 공간에 교육당국으로부터 인가받은 가상학교가 만들어질 수도 있다. 그러면 학생들은 자기 대신 아바타를 등교시켜 수업을 듣고 아바타들끼리 사귀고 놀고 어울릴 수 있을 것이다. 메타버스 생활에 익숙한 지금의 초등학생들이 사회에 진출하게 될 즈음에는 메타버스가 학교, 직장, 공연장, 쇼핑몰, 박물관, 도서관 등의 기능을 상당 부분 대신할 가능성도 있다.

코로나19 창궐로 사람들은 재택업무, 원격교육, 화상회의에 익숙해졌다. 집에서 쇼핑하고 은행업무를 보고 온라인공연도 즐길 수 있는 시대다. 자녀들은 학교에 가지 않고 온라인으로 원격수업에 참여할 수 있다. 집은 더 이상 잠자고 쉬는 휴식공간만이 아니다. 네트워크에 연결되기만 하면 집은 경제활동, 문화생활, 교육 등 모든 활동이 가능한 복합공간이 될 수 있다. 이제 지리적인 제약은 사실상 사라졌다. 사이버공간에서는 시간의 제약도 없다. 언제 어디서나 편한 시간에 온라인에 접속하기만 하면 된다. 물론 이런 초연결사회의 편리함 뒤에는 어두운 그늘도 있다. 초연결이란 언제 어디서나 네트워크에 연결되어 있음을 의미한다. 네트워크에 연결되는 동안은 늘 해킹과 프라이버시 침해의 위험이 존재한다. 개인의 사생활은 무방비로 노출될 수 있으며 언제 어디서든 자신도 모르게 누군가에게 감시당할지 모른다. 어쩌면 미래에는 내가 가진 생각마저 해킹당하는 '인간해킹'이 일어날 수도 있다. 가상현실, 증강현실, 혼합현실을 활용해 시공간을 뛰어넘는 간접·가상경험을 많이 하게 되면 정작 우리 몸을 움직이고 이동하는 직접경험은 줄어들 것이다. 활동량이 줄어 비만인 사람이 늘어나고 대인기피증이 만연하고 사회성이 현저하게 떨어질 수도 있다. 또한 초연결사회에서는 한번 해킹이 발생하면 대량의 개인정보가 한꺼번에 유출될 수 있고, 만약 블랙아웃(Blackout), 즉 대규모 정전이 일어나면 디지털 인프라뿐만 아니라 사회 전체가 마비될 수도 있다.

▶️ 아이를 위해 과학기술에 '접속'해라

어쨌거나 미래에는 연결, 접속, 공유 등이 더 중요해질 것이다. '소유' 개념을 중심으로 발전해온 자본주의 경제는 점차 '접속'이라는 개념으로 대체되고 있다. 우리가 살고 있는 자본주의의 가장 중요한 개념은 '사적 소유'다. 배타적이고 독점적으로 소유하고 사용할 수 있음을 의미한다. 내 집, 내 돈, 내 차 등 내가 소유하는 것은 모두 나만이 독점적으로 사용할 수 있다. 타인이 소유하고 있는 것을 사용하거나 가져가는 건 불법이며 엄격히 금지된다. 그런데 4차 산업혁명 기술발전으로 배타적 소유의 필요성이 줄어들고 있다. 군이 고가의 물건을 소유하지 않아도 필요할 때 언제나 편리하게 빌려서 사용할 수 있기 때문이다. 물건을 사지 않아도 온라인으로 접속해 빌려 쓸 수 있는 렌털, 리스, 멤버십, 카셰어링 등이 그 사례다. 물품을 배타적으로 소유하는 방식은 사라지고 서로 빌리고 공유하고 협력하면서 소비하는 이른바 '공유경제(Sharing economy)'가 보편화될 수도 있다. 하지만 변화과정에서 예기치 못한 사회적 충돌이나 가치관의 혼란이 야기될 수 있다. 2021년 4월부터 '타다금지법(여객자동차운수사업법 개정안)'이 시행되며 일단락된 승합차 렌털서비스 '타다'와 택시기사들 간의 사회적 갈등은 우버나 타다와 같은 플랫폼기술 기반 차량공유 서비스가 도입되는 과정에서 기존의 택시사업자 저항으로 혁신적인 공유기술 사업화가 좌절된 대표적인 사례다.

뭐니 뭐니 해도 과학기술은 미래변화의 핵심동인이다. 과학기술을 모르면 사회변화를 따라가기 힘들고 뉴노멀시대에 적응하기조차 힘들 것이다. 교육도 과학기술의 영향을 받기 때문에 자녀교육을 위해서는 과학기술에 대한 최소한의 이해가 필요하다. 물론 과학기술은 완전무결하지 않고, 아무리 훌륭한 기술이라도 절대선일 수는 없는 법이다. 밝은 면이 있으면 어두운 면도 있다. 첨단기술의 좋은 점만 받아들여서는 안 되며 가치관의 혼란, 이해관계 상충, 신기술의 위험과 부작용 등 과학기술 발전으로 인해 예견되는 위험도 파악하면서 미리미리 준비해야 한다.

변화가 빠른 세상에서는 변화에 적응하기 어렵다. 자녀들도 변화를 따라가기 힘들지만 아이들을 보호하고 키우고 지도해야 하는 부모들은 더 힘들다. 학부모를 가르치는 별도 교육과정이나 교육기관이 없으니 좋은 학부모가 되기 위해서는 스스로 책을 보고 정보를 찾고 전문가의 이야기를 들으며 학습하는 수밖에 없다.

미래가 보이는
첨단기술은 뭘까?

3

🖱 4차 산업혁명, 이것만 확실히!

10년 후, 20년 후 미래세상이 어떻게 변화할지 예측하려면 우선 첨단기술을 알아야 한다. 지금의 첨단과학 기술이 조금씩 미래세상을 만들어가고 있기 때문이다. 첨단기술을 알아야 한다는 것은 무슨 의미일까. 가령 요즘은 스마트폰을 잘 다루지 못하면 일상생활이 매우 불편하다. 예약, 쇼핑, 학습, 업무 등 모든 활동에서 스마트폰을 이용하기 때문이다. 그런데 스마트폰을 알아야 한다는 것은 모두가 스마트폰 기술을 완벽하게 이해하고 스마트폰 기술자가 되자는게 아니다. 스마트폰 기본원리 정도는 알고 기기를 어느 정도 다룰 줄 알아야 한다는 이야기다. 인공지능, 빅데이터, 사물인터넷 등 미래를 만들어가고 있는 첨단기술들에 대한 이해와 함께 4차 산업혁명에 대한 공부도 필요하다.

사실 '4차 산업혁명'은 학술적으로 공인된 용어가 아니다. 자녀들이 배우는 현행 교과서에는 나오지 않는다. 거대한 기술변화 흐름을 설명하는 여러 용어 중 하나일 뿐이다. 우리나라에서는 4차 산업혁명이라는 용어를 많이 사용하지만 독일에서는 '인더스트리 4.0(Industry 4.0)', 미국에서는 '디지털 트랜스포메이션(Digital transformation)', 일본에서는 '소사이어티 5.0(Society 5.0)'이라는 용어를 많이 사용하고 있다. 4차 산업혁명에 혁명이라는 단어가 붙어 있는 것은 그만큼 변화가 광범하고 엄청나기 때문이다.

1차 산업혁명부터 지금의 4차 산업혁명까지 산업혁명은 여러 단계를 거치며 발전해왔다. 4차 산업혁명 담론이 전 세계적으로 확산된 계기는 2016년 다보스포럼이었다. 이해 다보스포럼의 주제가 바로 4차 산업혁명이었다. 이후 다보스포럼은 잇따라 관련 연구보고서를 발표하면서 4차 산업혁명론의 진원지 역할을 했다. 또한 1차부터 4차까지 산업혁명의 발전단계에 대해서도 일목요연하게 설명을 했다. 다보스포럼의 설명과 산업혁명 해설서 등을 바탕으로 산업혁명의 발전단계를 정리해보면 다음과 같다.

산업혁명의 발전단계

구분	개요
1차 산업혁명	우리가 알고 있는 역사 속 산업혁명으로 18세기 후반 영국에서 처음 일어났다. 시작시점에 대해서는 의견이 분분하지만, 일반적으로 **제임스 와트의 증기기관**을 이용한 기계식 방직기가 발명된 1784년으로 보고 있다. 이로써 수공업시대가 막을 내리고 기계가 인간노동을 대신해 물건을 생산하는 **기계화시대**가 시작된다.
2차 산업혁명	1차 산업혁명으로부터 약 100년 후, 산업혁명의 새로운 단계가 시작된다. 2차 산업혁명은 **전기에너지**를 기반으로 하는 기술혁신이었다. 1870년 미국 오하이오주 신시내티 도축장에 최초로 **컨베이어 벨트**가 설치되었다. 이는 에디슨의 전기기술과 프레데릭 테일러의 과학적 관리기법이 공장에 적용된 것이다.
3차 산업혁명	2차 산업혁명 이후 또 100년이 지났다. 이번에는 **반도체와 디지털**에 의한 3차 산업혁명이다. 1969년 반도체소자를 이용해 프로그램 제어가 가능한 '프로그램 가능 논리 제어장치(PLC: Programmable Logic Controller)'가 도입되면서 정보기술과 컴퓨터공학의 비약적 발전이 이루어지고 **자동화시대**가 시작된다. 3차 산업혁명은 우리가 지금까지 정보화혁명(Information revolution)이라고 불러왔던 디지털혁명을 말한다.
4차 산업혁명	정보화혁명 다음의 거대한 변화를, 다보스포럼은 4차 산업혁명이라고 정의했다. 디지털세계, 생물 영역, 물리 영역 간 경계가 허물어지고 **연결**되는 변화를 말하며, 이 기술융합의 핵심은 **가상물리시스템**(CPS: Cyber-Physical System)이다. 현실세상인 물리세계와 인터넷 가상공간인 사이버세계가 연결돼, 온라인과 오프라인이 하나의 시스템으로 제어된다.

구분	주요 변화
1차 산업혁명	산업혁명 발원지 영국은 단숨에 세계의 공장이자 세계 최강국이 된다. 1차 산업혁명 시대 에너지원은 **증기와 수력**이었고, 책과 신문 등 **고전적인 인쇄매체**는 지식전달과 소통의 주요한 수단이었다.
2차 산업혁명	**전기에 의한 대량생산 체계**가 구축됐고 생산효율성은 획기적으로 높아졌으며 미국은 세계의 최강국으로 부상한다. 지식확산과 소통도구로 이번에는 **텔레비전과 라디오**가 중요한 역할을 한다.
3차 산업혁명	이제 인간의 인지노동과 지식서비스도 컴퓨터 시스템으로 대체되기 시작한다. 지식확산과 소통의 주된 수단은 **인터넷, 컴퓨터와 뉴미디어**였다. SNS·스마트폰의 역할은 점점 커지기 시작한다.
4차 산업혁명	현실세계의 모든 사물은 사물인터넷으로 연결되고 모든 기기, 사물에 인공지능이 장착되는, 완전히 새로운 세상이다. 이런 세상을 가능하게 해주는 것은 **첨단기술**이다.

▶ 아이의 미래를 바꿀 첨단과학 기술들

미래변화를 예측하려면 변화를 주도하는 혁신기술들을 알아야 한다. 세상을 변화시키는 첨단기술 면면을 살펴보면 미래가 어떻게 변화할지, 미래세상이 어떠할지 큰 방향을 가늠해볼 수 있다. 부모들도 우리 아이들이 주인공으로 살아갈 미래세상의 핵심기술을 알아야 한다. 또한 이런 기술이 학교나 교육과 관련해 어떤 변화를 가져올지에 대해서도 생각해봐야 한다. 이번에는 **4차 산업혁명의 핵심기술**을 하나씩 살펴보자.

첫 번째는 IoT(Internet of Things)라 부르는 **사물인터넷 기술**이다. 사람, 사물, 공간 등 모든 것이 인터넷으로 연결되어 정보가 생성·수집·공유·활용되는 초연결망을 의미한다. 인터넷은 이미 오래전부터 존재했지만, 사물인터넷은 기존의 인터넷과는 차원이 다른 네트워크다. 각각 사물에 센서가 달려 있고 모두 인터넷에 연결되기 때문에 사물과 사물 간에 정보를 주고받을 수 있다. 예전에는 사람이 로그인을 하고 개입해 연결을 해야 했지만 이제는 사람의 개입 없이도 사물과 사물이 서로 연결된다는 점이 가장 중요한 특징이다. 냉장고, 세탁기, TV, 공기청정기, 보일러 등 집 안 모든 기기들이 연결되고, 내가 집 바깥에 있어도 집 안의 디지털기기들이 수집한 데이터, 정보가 실시간으로 스마트폰에 들어온다. 만약 집에 문제가 발생하면 알림메시지가 오고, 그러면 원격제어나 자동제어로 문제를 해결할 수 있다. 사물인터넷은 학교, 학원 등 교육기관에도 도입될 것이다. 가령 학교에서는 와이파이와 이동통신망에 연결된 센서를 사용해 교실의 온도, 습도, 소음수준 등 학습환경을 모니터링할 수 있고 체육관 시설 현황이나 도서관 대기 현황 등 맞춤형 정보를 실시간으로 모니터링하면서 편리하게 이용할 수 있다.

두 번째는 **빅데이터 기술**이다. 빅데이터는 데이터가 많다는 뜻인데, 그냥 많은 정도가 아니라 엄청나게 방대한 데이터를 말한다. 데이터는 '21세기 원유'라고 불릴 만큼 고부가가치의 원천이다. 오늘날 빅데이터는 다양한 분야에서 이미 활용되고 있다. 예를 들면, 기업은 고객의 소비패턴을 데이터로 축적·관리하고, 이를 분석해 상품추천 서비스나 고객맞춤형 신제품개발 등에 활용하고 있다. 지방자치단체나 운수회사는 실시간 교통정보를 시민들에게 제공하고 있고, 경찰청은 과거의 범죄데이터를 분석해 범죄예방 시스템을 구축·운용하기도 한다.

빅데이터 기술을 학교나 개인학습에 적용하면 효율적 맞춤학습이 가능해져 교육효과를 극대화할 수 있다. 특히 개인별 학습데이터를 수집하고 분석하는 '학습분석(Learning analytics)' 기술이 주목받고 있다. 이 기술은 학습이력, 성적, 행동, 성격 등 학습자 데이터를 분석해 효과적인 학습모델을 구축할 수 있게 해준다. 만약 학습자 데이터를 통해 교사가 개별 학생의 특성과 이력을 파악할 수 있다면 훨씬 더 효과적인 개별 교육이 가능해질 것이다. 교사는 학생의 데이터를 기반으로 개인별 학습습관, 유형, 특성에 따라 맞춤형 교육을 할 수 있다. 학습자의 반응이나 성취도를 실시간 모니터링할 수도 있다. 자신의 수업에 대한 학생의 반응을 실시간으로 체크하고 수업에 대한 피드백을 데이터로 관리하면서 수업의 질을 개선할 수 있다. 학생의 입장에서는 자신의 학습이력을 스스로 관리함으로써 자기주도 학습을 할 수 있고 친구들의 학습과정, 이력과 비교하면서 자기 자신에게 동기부여를 할 수 있다. 그 과정에서 학습참여도도 높아져 지금과는 비교할 수 없을 정도의 효과를 기대할 수 있다.

세 번째, **블록체인 기술**이다. 2018년 초, 암호화폐 비트코인이 사회적 이슈가 되면서 투기논쟁이 있었고, 2021년에는 테슬라의 최고경영자 일론 머스크가 비트코인 등에 투자하면서 SNS를 통해 암호화폐를 지지함으로써 암호화폐 가격이 폭등하기도 했다. 비트코인, 이더리움 등 암호화폐의 원천기술이 바로 블록체인이다. 블록체인은 블록이라고 불리는 거래장부를 중앙서버에 보관하지 않고, 각자 개인 컴퓨터에 분산해 이를 체인처럼 연결하는 기술이다. 거래원장을 분산 보관하기 때문에 해킹이 원천적으로 불가능하고 중개기관, 중앙기관 없이도 개인과 개인 간의 거래를 가능하게 해주는 혁신기술이다.

무엇보다 블록체인의 강점은 분산과 안정성인데, 이런 기술적 장점을 잘 활용하면 다양한 목적으로 이용가능한 범용기술이 될 수 있다. 암호화폐와 블록체인을 완전히 떼놓고 이야기할 수는 없지만, 블록체인 원리를 이용하면 데이터관리, 인증관리, 투표관리 등 다양한 분야에 응용될 수 있다. 교육에도 블록체인이 이용될 수 있다. 학교의 생활기록부, 학생별 학습이력 데이터, 시험출제나 성적처리 등에 블록체인 기술을 적용하면 위변조가 불가능하며, 학습데이터 관리시스템에 대한 해킹도 막을 수 있다.

네 번째는 **3D프린팅(3D printing) 기술**이다. 적층가공(Additive manufacturing)이라고도 불리는데, 3D디지털 설계도나 모델을 기반으로 원료를 층층이 쌓는 방식으로 입체 출력하는 기술이다. 디지털 공작기계 중 가장 널리 이용되며, 우리 주변에서도 쉽게 찾아볼 수 있다. 박근혜정부 시절 미래창조과학부(현재의 과학기술정보통신부)는 과학관, 공공시설 등에 무한상상실을 설치하고 3D프린터를 보급하기 시작했다. 이후 학교 무한상상실, 메이커 스페이스 등이 전국적으로 확대 설치되었다. 각 가정에 있는 프린터가 평면인쇄를 하는 2D 프린터라면, 3D프린터는 플라스틱 재질을 녹여 입체물을 출력할 수 있다. 설계도를 무료로 공개하는 오픈소스 3D모델링 설계도파일만 있으면, 누구나 3D프린터로 휴대폰 케이스나 간단한 생활용품 모형 등을 직접 출력할 수 있다. 과거에는 제품 아이디어가 있으면 설계도를 그린 후 공장에 맡겨 주물제작 등 방식으로 시제품을 제작했지만 이제는 그런 번거로운 절차가 필요 없다. 3D프린터로 직접 시제품을 제작할 수 있기 때문에 아이디어 유출의 위험도 없고 시제품 제작비용과 시간도 절약할 수 있다.

하지만 최근 3D프린터를 오랫동안 사용한 학생과 교사가 육종암으로 사망하는 사고들이 발생해 안전문제가 제기되었다. 3D프린터는 플라스틱 재질을 녹여 입체물을 출력하는데, 그 과정에서 스타이렌, 에틸벤젠 등 발암물질이나 초미세입자를 방출한다. 실내 환기·통풍이 잘 안 되는 밀폐공간에서 사용하면 이런 유해물질이 인체에 흡수돼 치명적 위해를 가할 수도 있다.

강민정 국회의원이 2020년 9월 전국 17개 시도교육청으로부터 제출받은 〈3D프린터 보유 및 유해 프린팅 사용 현황〉 자료에 따르면, 3D프린터는 2020년 기준 전국 5,000여 개 학교에 1만 8,000개 이상 보급되어 있다.[2] 웬만한 학교라면 갖추고 있는 디지털기기인지라 3D프린터를 활용한 메이커교육도 중요하지만, 더 중요한 것은 학생의 안전이다. 우리 아이의 학교에 3D프린터가 설치되어 있는지, 아이들이 직접 배우고 사용하는지, 안전교육은 하고 있는지, 3D프린터가 있는 무한상상실에 환기시설은 잘 갖춰져 있는지 등에 대해 아이들과 대화도 하고 관심을 가져야 한다. 학부모들은 첨단기기 사용실태를 파악하고 학교현장에서 안전관리가 잘 이뤄지고 있는지 감시하는 역할도 해야 한다.

다섯 번째는 **자율주행 자동차**(Self-driving car 또는 Autonomous vehicle)를 비롯한 **스마트 모빌리티**(Smart mobility) **기술**이다. 자율주행 자동차는 사람이 운전하지 않아도 자율적으로 주행하는 자동차를 말하며, 여기에는 초고속 5G통신, 사물인터넷, 라이더(LiDAR, 레이저를 목표물에 비춰 사물과의 거리 등을 측정하는 기술) 등 첨단기술들이 집약되어 있다.

미국 도로교통안전국 가이드라인에 의하면, 자율주행 단계는 사람의 개입과 시스템 자율성 정도에 따라 5단계로 나뉜다. 자동 긴급제동, 정속주행 등 보조시스템이 운전자를 보조하는 정도가 1단계고, 운전자가 전혀 개입하지 않고 시스템만으로 완전히 자율주행할 수 있는 정도가 5단계다. 5단계라 함은 사람이 손 하나 까딱하지 않아도 자동차가 스스로 움직이고 교통상황을 판단해 목적지까지 안전하게 도착할 수 있는 정도의 기술이다. 머지않은 미래에는 길거리에서 자율주행차들을 만날 수 있을 텐데, 그렇게 된다면 큰 변화가 예상된다. 졸음운전이나 운전 중 통화 등 사람의 부주의한 행동이 많은 교통사고를 일으키고 있는 게 현실이다. 만약 자율주행차가 상용화되면 교통사고로 인한 인명피해는 거의 사라질 것이고 사고가 줄어들면 보험료도 낮아질 것이다. 자동센서 기능 덕분에 자동차 간 안전거리도 필요 없게 될 것이다. 또한 차량공유가 쉬워지고, 필요할 때 자동차를 부르면 되기 때문에 교통체증, 주차문제도 해결할 수 있다. 교통사고 예방은 물론이고 에너지절감, 대도시 교통문제 해결 등 일석삼조 이상 효과를 기대할 수 있다.

자동차기술뿐만 아니라 무인비행체 드론이나 전동킥보드 등 소형 개인 이동수단도 빠르게 발전하고 있다. 앞으로 거의 모든 교통수단이 지능화, 소형화, 개인화될 것이다. 미래에는 학교 셔틀버스도 무인 자율주행으로 운행될 것이고 드론택시, 개인형 스마트 모빌리티 등으로 안전하고 편리하게 통학이 가능해져 교통사고 피해에 대한 불안으로부터 해방될 것이다.

마지막으로 **인공지능 기술**이 있다. 인공지능은 인간의 언어를 알아듣고, 사람처럼 지각하고 판단하는 기능을 말한다. 지금까지 인류가 개발한 기술 중 단연 가장 최첨단기술이라고 할 수 있다. 구글 딥마인드가 개발한 알파고처럼 바둑게임에 특화된 인공지능도 있지만, IBM의 왓슨처럼 암 진단·연구 등 의료용 인공지능으로 개발되기도 한다. 현재 의료, 금융, 행정, 법률서비스 등 다양한 분야에서 인공지능이 개발되거나 사용되고 있다. 미래에는 우리 일상생활 거의 모든 곳에 인공지능이 도입될 것이다. 마치 PC를 사용하듯이 인공지능 비서나 인공지능 학습튜터를 사용하는 날이 머지않아 올 것이다.

지금까지 4차 산업혁명을 대표하는 핵심기술 여섯 가지를 차례로 살펴보았는데 이 기술들은 하나하나가 파급효과가 엄청난 혁신기술이다. 각각 기술이 개별적으로도 발전하겠지만 서로 융합되어 신기술이 만들어지거나 시너지를 일으키기도 할 것이다. 과학기술이 발전하면 할수록 변화속도는 더 빨라질 것이고, 앞으로 첨단기술의 역할은 점점 더 커질 것이다. 또한 이러한 첨단기술이 학교교육이나 개인학습에도 도입되어 미래교육 양상을 획기적으로 바꿀 것이므로 첨단기술 트렌드에 대한 이해가 필요하다. 기술변화를 모르면 미래에 대한 준비는커녕 변화를 따라잡기조차 힘들 것이다. 미래교육도 마찬가지다.

세상이 뒤집혀도
흔들리지 않는 부모의 철학

4

📌 대혼란의 시대, 뒤처지는 것 같아 불안하다면

4차 산업혁명, 디지털 대전환, 팬데믹 등 거대한 변화의 물결이 세상을 덮치고 있다. 피할 수도, 돌아갈 수도 없는 변화의 길목에서 우리는 어지럽고 혼란스러움을 느낀다. 특히 자녀의 미래를 생각하면 막막하고 지금 당장 뭘 준비해야 할지 갈피를 잡을 수 없다.

깜깜한 밤길처럼 앞이 보이지 않을 때는 어떻게 해야 할까. 그냥 과거에 하던 대로, 아니면 더 열심히 한다고 미래가 더 나아질까. 모든 것이 빠르게 앞으로 나아가고 있는데 가만히 있으면 나만 뒤처질 것이다. 힘을 다해 빨리 뛰어도 세상의 변화보다 더 빨리 뛰지 않으면 결코 앞으로 나아갈 수 없다. 앞이 보이지 않는 깜깜한 밤길에서 앞으로 나아가려면 전조등이 필요하다. 변화를 꿰뚫어 보는 통찰력이 전조등 역할을 해줄 것이다. 거대한 변화의 흐름에서 우리는 무엇을 봐야 할까. 현재는 무엇이 중요하고 미래에는 무엇이 중요할까. 세상의 모든 것이 변하겠지만 필자는 그중 교육, 과학, 문화의 변화가 가장 중요하고 근본적이라고 생각한다.

항간에 떠도는 퀴즈 중 '당신 회사의 디지털전환을 이끈 것은 누구일까요?'라는 문제가 있다. 정답은 CEO도 CTO도 아닌 코로나19다. 코로나19로 대면 활동이 제한되면서 의도치 않게 디지털 대전환이 가속화되었고, 4차 산업혁명 진행속도도 더 빨라진 것이다. 이제 디지털 대전환, 4차 산업혁명은 피할 수 없는 흐름이 되었다. 문제는 대격변기에는 변화의 방향을 예측하기 어렵고 미래에 대한 불확실성이 더 커진다는 것이다.

1977년 경제학자 존 케네스 갤브레이스(John Kenneth Galbraith)는 지금 시대는 사회를 주도하는 지도원리가 사라진 '불확실성의 시대(The Age of Uncertainty)'라고 규정했다. 과거처럼 확신에 찬 경제학자나 자본가, 사회주의자는 존재하지 않으며 어디로 가야 할지도 모르는 혼란스러운 시대라는 것이다. 지금이 딱 그런 시대다. 미래가 어떤 방향으로 갈지 누구도 자신 있게 말할 수 없다. 4차 산업혁명이 뭔지 제대로 파악하기도 전에 변화는 이미 저만치 앞서가고 있다. 자칫 머뭇거리다가는 도태되기 십상인데도 뭘 어떻게 해야 할지 몰라 불안하기만 하다.

🐾 불확실성의 시대에도 변하지 않는 가치가 있다

불확실성이 커지면 더 불안해지고 그래서 소위 '포모증후군(FOMO Syndrome)'이 만연하게 된다. 'Fear Of Missing Out'의 약자인 '포모'는 자신만 흐름을 놓치고 있는 것 같고 변화 흐름에서 소외되고 있는 것 같은 일종의 고립공포감을 말한다. 남들은 다들 주식으로 돈을 벌고 있는데 나만 뒤처지는 것 같고, 다들 암호화폐에 투자하고 있는데 나만 안 하는 것 같고, 다른 집들은 사교육에 올인하고 있는데 우리 집은 그렇지 않은 것 같아서 불안하고 두렵다. 이런 불안감과 두려움이 결국 '빚투(빚내서 투자)'를 낳고, '영끌(영혼까지 끌어모은) 현상'으로 표출되고 있다. 변화에 대한 불안감을 줄일 수 있는 가장 좋은 방법은 변화를 직시하면서 그 흐름을 읽어내는 것이다. 그런데 변화의 흐름을 읽고 통찰력 있게 해석하는 것은 매우 어렵다. 왜냐하면 보이는 것이 변화의 전부가 아니기 때문이다.

저 넓은 바다를 바라보면, 당장 우리 눈에 보이는 것은 파도다. 아무리 시력이 좋아도 해류나 심연이 보이지는 않는다. 역사학의 거장 페르낭 브로델(Fernand Braudel)은 저서 《지중해: 펠리페 2세 시대의 지중해 세계(La Méditerranée et le monde méditerranéen à l'époque de Philippe II)》, 《물질문명과 자본주의(Civilisation matérielle, économie et capitalisme, XVe-XVIIIe siècle)》 등을 통해 역사를 삼층 구조의 바다에 비유했다. 서양사학자 주경철의 해제에 의하면, 바다는 파도, 해류, 심해의 삼중 구조고 역사도 마찬가지라는 것이다.[3] 바다 표면에는 끊임없이 찰랑대는 파도가 있고 그 밑에는 해류의 흐름이 있으며 이보다 더 밑층에는 거의 움직이지 않는 심해의 물이 있다. 비유하자면 단기적 시간에 나타나는 사건사로 구성되는 미시역사는 파도 같은 것이고, 물질생활, 경제주기로 나타나는 주기변동 역사는 해류 같은 것이다. 또 모든 세기에 걸쳐 있는 구조사, 즉 장기지속 역사는 심해의 물이라고 할 수 있다. 브로델의 통찰력 있는 설명처럼, 역사의 과정에서 나타나는 모든 변화도 비슷한 구조를 가지고 있다. 대부분의 사람들은 사건과 사고 등 미시적 변화에만 주목하지만 사실은 주기변동적인 경기변화나 구조적인 흐름이 훨씬 본질적이다. 눈에 보이는 물결만으로 해류를 설명할 수는 없고 해류를 갖고 심해를 설명할 수는 없는 법이다.

지금 우리는 4차 산업혁명이라는 이름의 거대한 시대변화 앞에 서 있다. 도도한 변화에서 무엇이 파도고 무엇이 해류며 무엇이 심해일까. 필자는 뉴스를 장식하는 사건들, 신기술개발 같은 것은 파도고, 산업과 경제의 변화는 해류이며, 심해 기저에 잔잔하게 흐

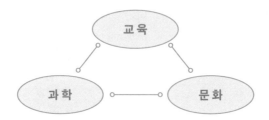

르면서 변화를 떠받치고 있는 것은 바로 **교육, 과학, 문화**라고 생각한다.

교육과 과학, 문화는 결코 단기간에 만들어진 것이 아니며 역사 발전 과정에서 오랜 시간에 걸쳐 견고하게 사회를 떠받쳐왔고 인류 지성을 빚어온 근원적인 힘이었다. 교육은 백년지대계(百年之大計)이고 과학은 세상을 밝혀온 지식이며 문화는 인류의 정신이다. 이 셋은 서로 연결되어 있고 모두 근본적 가치를 지향하고 있으며 인간을 가장 인간답게 만들어주는 요소다. 변화의 시기일수록 교육, 과학, 문화가 중요하다.

아이의 미래 진로, 고민에도 적기가 있다

5

📢 상상 초월! 곱하기로 변하는 세상

4차 산업혁명은 곧 디지털 대전환이다. 디지털은 아날로그와는 차원이 다르다. 디지털세상 역시 아날로그 물리세상과는 근본적으로 다르다. 디지털혁명의 가장 중요한 특성 중 하나는 기하급수적 변화 속도다. 기하급수가 뭘까. 수학을 공부하다 보면 산술급수라는 게 있고 기하급수라는 게 있다. 기하급수는 지수함수를 말한다. 쉽게 말하면, 산술급수는 더하기고 기하급수는 곱하기다. 뭔가가 증가한다고 할 때, 한 번에 일정한 분량만큼 늘어나는 것은 산술급수다. 가령 한 달에 100만 원의 매출이 발생하는 음식점에서 다음 달은 100만 원이 늘고 그다음 달은 또 100만 원이 늘어난다고 하자. 이렇게 100만 원씩 매출이 증가하는 것은 산술급수다. 이와 달리 첫 달은 100만 원, 다음 달은 두 배로 늘어 200만 원, 그다음 달은 다시 두 배 늘어 400만 원, 이렇게 곱하기로 늘어나는 것은 기하급수다.

미국 MIT(매사추세츠공과대학)에 미디어랩(Media Labs)이라는 혁신적 연구소가 있다. 이 연구소의 설립자 중 한 명이자 '디지털 전도사'라 불리는 니콜라스 네그로폰테(Nicholas Negroponte)는 자신의 시그니처 저작 《디지털이다(Being Digital)》를 통해 아톰(Atom)에서 비트(Bit)로의 전환을 선언했다. 이 책은 디지털세상의 기하급수적 변화속도를 이렇게 설명한다.[4]

"일당 1페니짜리 일을 하는 사람의 급여를 매일 두 배씩 올려준다면 그의 한 달 급여가 얼마나 될지를 묻는 어린이들의 수수께끼를 들어본 적이 있는가? 새해 첫날부터 이 놀라운 급여체계를 시행하면 1월 마지막 날에는 하루에 1,000만 달러 이상을 받게 된다. 똑같은 계산 방식을 적용할 경우 1월이 2월처럼 3일만 짧더라도 130만 달러밖에 받지 못하는 사실을 알고 있는 사람은 드물다. 31일인 1월에는 2,100만 달러였으나 한 달이 28일이라면 2개월간 총수입이 260만 달러밖에 안 된다. 우리는 컴퓨팅과 디지털 텔레커뮤니케이션의 이 마지막 3일 안에 살고 있다."

수학의 나라 인도에 전해지는 다음의 이야기도 기하급수에 관한 내용이다. 한 수학자가 전쟁게임 같은 체스를 만들어 왕에게 보여주자 만족한 왕은 상을 내리겠다고 했다. 수학자는 체스판 64칸에 쌀을 채우되 첫 칸은 쌀 두 톨, 둘째 칸은 네 톨, 세 번째는 여덟 톨 등 매번 두 배씩 채워달라고 했다. 기하급수 원리를 적용한 부탁이었다. 왕은 매우 소박한 제안이라 생각했지만 엄청난 비밀을 알고는 결국 수학자를 처형했다고 한다. 수학자 요구대로 쌀을 채우면 마지막 64번째 칸에 넣을 쌀은 1,844경 6,744조가 넘는다. 쌀 100만 톨이 약 1kg이므로 환산하면 184억 톤이 넘는다. 만약 산술급수 방식으로 첫 칸은 두 톨, 그다음부터는 매번 두 톨씩 더 채운다면 마지막 칸에는 128톨이 들어갈 뿐이다. 이렇게 산술급수와 기하급수는 천지차이다. 일상생활에서 우리는 무심코 기하급수를 말하지만 이 말은 상상을 초월하는 위협이 될 수 있다.

📢 아이 미래에 독이 되는 말, '나 때는 말이야'

루이스 캐럴(Lewis Carrol)의 소설 《거울나라의 앨리스(Through the Looking-Glass and What Alice Found There)》에서 앨리스는 사력을 다해 달리지만, 뒤로 움직이는 체스판 모양 마을에서 결국 제자리를 벗어나지 못한다. 그런 앨리스에게 붉은여왕은 말한다. "제자리에 머물려면 힘을 다해 뛰어야 하고, 앞으로 가려면 지금보다 두 배 이상 빨리 뛰어야 한다"고 말이다. 디지털 혁명기를 사는 우리가 딱 그런 처지다. 이렇게 디지털시대에는 속도가 중요하다. 관련된 핵심 기술을 누가 먼저 개발하고 선점하느냐는 중차대한 문제다. 4차 산업혁명을 둘러싼 국가 간 경쟁은 마치 달리기 경쟁과 같다. 빨리 달리고 앞서는 것은 매우 중요하다. 하지만 그보다 더 중요하고 우선적인 것이 있다. 그것은 목표지점과 방향이다. 얼마나 빨리 뛰느냐도 중요하지만 무엇을 목표로, 어떤 방향으로 뛸까를 결정하는 것이 먼저다.

언젠가 한 칼럼에서 인도에 전해지는 재미있는 일화를 읽은 적이 있다. 인도는 수행의 나라로 유명하다. 인도의 한 수행자가 정신적 지도자 라마크리슈나(Ramakrishna)를 찾아서 "선생님, 제가 수행을 거듭해 이제 물 위를 걸어서 갠지스강을 건널 수 있게 되었습니다"라고 말했다. 라마크리슈나는 그에게 몇 년이나 수련했는지를 물었고, 그는 18년이라고 답했다. 라마크리슈나는 다시 물었다. 갠지스강을 건너는 데 뱃삯이 얼마냐고. 18루피라는 대답에 라마크리슈나는 "그러면 당신은 18년 동안 노력해 겨우 18루피를 번 셈이네"라고 말했다고 한다. 노력하는 것도 중요하고 나름대로 성과를 이루는 것도 중요하지만 그 성과가 무엇인지를 냉철하게 생각해봐야 한다.

남들이 죽어라 뛴다고 해서 어디로 가는지도 모르고 덩달아 속력을 낼 수는 없다. 방향부터 잘 잡아야 한다. 방향이 잘못되면 아무리 빨리 달려도 소용이 없다. 주식투자에서도 비슷한 이야기를 한다. 주식을 투자해 수익을 내는 속도, 즉 수익률보다 중요한 것은 어떤 주식에 투자해서 성공적으로 수익을 내느냐 하는 성공률이다. 4차 산업혁명도 마찬가지고 자녀의 진로 준비도 그렇다. 재빨리 대응하고 속도를 내기 전에 어느 방향으로 달릴지 먼저 결정해야 한다. 가령 4차 산업혁명의 방향을 잡으려면 변화의 본질에 대한 이해가 필요하다. 만약 전문가들이 각자 다른 이야기를 하고 있다면 이는 4차 산업혁명에 대한 이해가 서로 다르기 때문이다.

4차 산업혁명에 대한 정의를 찾아보면 각양각색이다. 정보통신기술의 융합으로 이뤄지고 초연결·초지능을 특징으로 하는 산업혁명, 온라인 정보통신 기술이 오프라인 산업현장에 적용되면서 일어난 혁신, 기존의 산업 영역에 물리·생명과학·인공지능 등을 융합하여 생산에서 관리 그리고 경영에 이르기까지 전반적인 변화를 일으키는 차세대혁명, 사물인터넷으로 생산기기와 생산품 상호소통 체계를 구축하고 전체 생산과정의 최적화를 구축하는 산업혁명 등등 다양한 정의들이 난무하고 있다. 각각의 정의들은 강조점이 다르고 뉘앙스가 다르다. 심도 있는 논의를 바탕으로 4차 산업혁명이 무엇인지에 대한 정의부터 내려야 한다. 길게 설명할 필요도 없다. 단 한 문장의 개념 정의로 족하다. 개념 정의에서 방향이 나오고 전략과 실행방안이 결정되기 때문이다.

공부도 마찬가지다. 죽어라 열심히 하고, 빨리 학습하는 속도도 중요하지만 그보다 중요한 것은 목표와 방향이다. 과거에는 열심히 하고 빨리 하는 것이 능력이자 미덕이었지만 지금은 그렇지 않다.

미래세상도 마찬가지다. 열심히 하는 것보다는 잘하는 것이 중요하고, 빨리 달리는 것보다는 먼저 방향을 잘 잡는 것이 더 중요하다. 그러기 위해 미래변화의 방향을 읽어야 하고 여기에 자신의 목표와 방향을 맞추어야 한다. 그러자면 부모와 자녀가 함께 미래변화에 대해 충분히 이야기하고 같이 미래를 생각해봐야 한다. 부모님 세대의 관점으로 미래를 예단해서는 안 된다. '나 때는 말이야'라는 말은 시대변화에 무감한 어리석은 학부모들이나 하는 말이다. 옛날 방식으로 공부해서는 자녀들이 성공할 수 없다.

변화의 방향을 제대로 읽으면서 미래예측을 해야 한다. 첨단기술 변화가 미래에 미칠 영향도 살펴봐야 하고, 학교교육과 평생교육의 변화 방향도 읽어야 한다. 우리 아이들이 살아갈 10년, 20년, 30년 후 세상을 함께 생각해보고 같이 그려봐야 한다. 부모가 아무리 자식을 사랑한다고 해도 자식의 인생을 대신 살아줄 수는 없다. 자녀를 사랑하는 만큼 애정을 갖고 함께 공부하고 함께 미래를 예측해야 한다. 우리 아이들이 살아갈 미래세상에 대해 미리 공부하고 예측하고 가족이 다 같이 이야기하는 것이야말로 그 무엇보다 소중하고 가치 있는 자녀 사랑의 방법이다.

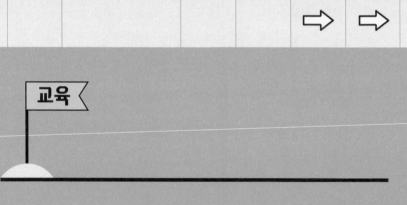

교육

국가의 백년지대계라 불리는 교육은 개인에게도 매우 중요하다. 만약 교육이 없다면 인간사회는 동물집단보다 크게 나을 것이 없을 것이다. 옛날에도 교육이 있었고 지금도 있고 미래에도 교육은 사라지지 않을 것이지만 교육의 방법, 내용, 패러다임은 사회변화와 함께 부단히 변화한다. 교육 또한 사회의 한 부분이기 때문이다. 미래교육의 모습은 지금과는 크게 달라지겠지만 그래도 교육의 본질은 변함이 없을 것이다. 변하는 것과 변하지 않는 것을 생각하면서 읽어주시기 바란다.

메타버스 교실에서 인공지능 선생님과, 그다음은?

2장

🔖 사람을 사람답게 만드는 것

교육은 백년지대계라고 한다. 국가를 좌지우지할 100년의 계획이라고 할 만큼 국가적으로나 사회적으로 중요하다. '십년수목백년수인(十年樹木百年樹人)'이라는 말도 있다. '10년을 내다보며 나무를 심고, 100년을 내다보며 사람을 심는다(기른다)'는 뜻이다. 옛날 중국 춘추전국시대에 제자백가가 있었는데, 그중 관자(管子)의 가르침에서 온 말이다. 관자는 "1년 계획으로는 곡식 심는 일만 한 것이 없고, 10년 계획으로는 나무 심는 일만 한 것이 없으며, 평생의 계획으로는 사람을 심는 일만 한 것이 없다. 한 번 심어 한 번 거두는 것이 곡식이고, 한 번 심어 열 번 거두는 것이 나무이며, 한 번 심어 백 번 거둘 수 있는 것이 사람"이라며 인재양성은 미래가 걸린 일이라

강조했다. 교육백년지대계는 여기서 유래된 말이다. 인재를 양성하는 교육은 국가나 사회뿐만 아니라 개개인에게도 중요하다. 교육은 개인의 미래와 경쟁력이 걸린 문제다.

인간은 두 번 태어난다. 한 번은 생물학적으로, 또 한 번은 사회적으로 태어난다. 만약 생물학적으로 태어난 인간이 그냥 방치되거나, 늑대무리에서 살아간다면 결코 인간다운 인간이 될 수 없을 것이다. 생물학적 인간은 다른 동물과 크게 구분되지 않는다. 가정과 학교에서 역할놀이를 통해 관계의 의미를 배우고 사회성을 체득할 때 생물학적 인간은 비로소 사회적 인간으로 거듭난다. 이런 과정을 '사회화'라고 부른다. 사회화는 사회학의 핵심개념 중 하나인데, 사회학개론 교재에는 인간이 인성 또는 퍼스낼리티(Personality)라고 불리는 인간다운 품성을 갖추어나가는 과정이라고 정의되어 있다.[5] 인간의 사회화에서 가장 결정적인 역할을 하는 것은 다름 아닌 교육이다. 만약 교육이 없다면 인간사회는 다른 동물사회와 별 차이가 없을 것이다. 인간이 사회를 이루고 다른 사람과 함께 살아가고 문화를 만들기 위해서는 사회구성원들이 사회규범과 가치를 가르치고 배워야 한다. 따라서 사회화는 곧 교육의 다른 이름이라고 해도 과언이 아닐 것이다.

교육의 사전적 의미는 **'지식과 기술 따위를 가르치며 인격을 길러줌'**이다. 한자어 '교육(敎育)'은 '가르칠 교', '기를 육'으로 구성되어 있다. 지식을 가르치고 인격을 길러준다는 의미다. 한자 '가르칠 교'를 가만히 뜯어보면, '본받을 효(爻)', '아들 자(子)', '칠 복(攵)'으로 구성되어 있다. 윗사람이 아들이나 아랫사람에게 솔선수범하면서 본받게 하고, 채찍질하면서 가르친다는 뜻이다. '기를 육'은 '아들 자(子)'와 '고기 육(肉, 月)'으로 구성되어 있는데, 의미인즉 부모가 자식을 따뜻한 품에 안는다는 것이다. 애정을 갖고 가슴으로 안아주듯 자녀를 기른다는 뜻을 갖고 있다. 우리말 '기르다'는 '짐승을 사육하거나 식물을 재배함'을 뜻하지만 '사람을 가르치고 사람답게 만든다'는 뜻도 있다.

이번에는 외국어에서 교육의 어원을 살펴보자. 교육이나 교육학을 의미하는 영어로는 'Education'과 'Pedagogy'가 있다. 프랑스어도 비슷한데 'Éducation', 'Pédagogie'다. 그 어원을 따져보면 education은 라틴어 'educo'에서 유래된 말인데, '밖으로'를 의미하는 'e(ex)', '끌어당기다, 이끌다'를 뜻하는 'duco'의 합성어다. 학습자의 특성과 잠재력을 밖으로 드러나도록 이끈다는 의미다. 또한 pedagogy는 그리스어 'paidagogos'에서 유래된 말로, '어린이'를 의미하는 'paidos'와 '이끈다'는 뜻의 'agogos'의 합성어다. 원래 고대 그리스시대 귀족자녀를 학교나 체육관으로 데리고 다니며 가르치는 가정교사 역할을 하던 노예, 즉 '교복(敎僕)'을 가리키던 말이다. 어린이를 이끈다는 의미의 pedagogy나 잠재력을 밖으로 이끌어낸다는 의미의 education이 서양에서 교육의 어원이다. 어원을 통해 알 수 있듯이 교육이란 성숙하지 못한 존재를 가르치고 잠재력을 이끌어내는 것을 말한다.

🖱 공부 노력 없이 우수한 아이는 없다

한자어 敎育, 영어의 education과 pedagogy를 통해 교육의 의미를 살펴보았는데, 이렇듯 동양이나 서양이나 사람을 가르치고 기르는 것이 교육이라는 데는 큰 차이가 없다. 고대, 중세사회를 거쳐 근대 사회로 발전하면서 교육의 방법이나 내용은 큰 변화를 거쳐왔다. 하지만 교육의 본질은 크게 달라지지 않았다. 여기서 우리는 또 다른 질문을 던져볼 수 있다. '교육과 학습은 어떻게 다른가'라는 문제다.

지식을 가르치고 인격을 길러주는 것을 교육이라 정의하는 것은 가르치는 입장이다. 교육을 받는 입장에서 보면, 교육은 배우는 행위이므로 학습이자 공부다. 가르치는 사람 없이 혼자서 학습할 수도 있을 텐데 이런 학습도 교육이라 할 수 있을까. 공자(孔子)는 "태어나면서부터 아는 자(생이지지)는 최상이고, 배워서 아는 자(학이지지)는 그다음이며, 어려움을 겪은 다음 배우는 자(곤이학지)가 그다음이고, 어려움을 겪고도 배우지 않으면(곤이불학) 백성으로서 최하가 되는 것(孔子曰: 生而知之者上也, 學而知之者次也, 困而學之, 又其次也, 困而不學, 民斯爲下矣)"이라고 가르쳤다. 나면서부터 아는 사람은 없으니 누구나 배워야 하고 굳이 어려움을 겪어보지 않더라도 공부하는 것이 중요하다는 데는 이론의 여지가 없을 것이다. 어쨌거나 혼자 스스로 깨치기는 어려우니 교육을 위해서는 가르치는 사람과 배우는 사람이 있어야 한다. 또한 교육은 가르치는 행위와 배우는 행위로 구성된다. 요컨대 교육이란 가르치는 교수(敎授)행위와 배우는 학습의 통합적 과정과 체계를 말한다. 교육을 다른 말로 교수학습 체계(Teaching-learning system)라고 부르는 것은 이 때문이다. 이렇게 교육을 교수학습으로 크게 보는 건 넓은 의미의 교육이다.

광의의 교육은 학생을 가르치고 학생이 학습하는 모든 과정과 체계를 포함하며, 여기서 학습은 교육의 한 부분이다. 그런 의미에서는 자기주도 학습도 교육이라고 할 수 있다. 하지만 협의의 교육 개념에서는 가르치고 길러주는 것이 교육이며, 교사·교수 등 교수자가 교육의 주체다. 교수행위와 학습행위는 구분되며, 교육을 위해서 꼭 필요한 요소는 주체, 대상, 그리고 매개체다. 이를 교육의 3요소라 부른다. 여기서 교육의 매개체는 교육내용을 말한다. 교육의 대상인 학습자를 가르치는 것은 교수행위고, 학습자가 주체가 되는 것은 학습행위다. 교육이든 학습이든 교수학습이든, 광의의 교육이건 협의의 교육이건 간에 그 본질과 목적에는 큰 차이가 없다. 인간은 교육이나 학습을 통해 지식과 기술을 습득하고 각자의 인격과 인성을 길러 사회적 인간으로 거듭나는 것이다.

우리가 알던 학교는 어디로?
확 바뀐 교육시스템

2

달라도 너무 달라진 요즘 교실

10년이면 강산도 변한다. 자연도 변하지만 사회도 끊임없이 변화한다. 10년 후 사회, 30년 후 미래는 지금과 다를 것이다. 우리가 살고 있는 사회는 여러 개의 다양한 영역으로 구성되어 있다. 정치, 경제, 법, 종교, 문화, 예술 등이 각각 독자적인 영역을 이루고 있지만, 한편으로는 다른 영역과 연계되거나 조화를 이룬다. 어느 것 하나 필요하지 않은 영역은 없겠지만 특히 교육은 사회를 구성하는 영역 중 가장 근본적이고 중요한 영역이다. 사람들의 관심사를 조사해본다면 아마 정치, 경제, 사회, 문화 등 여러 영역 중 교육은 최대 관심사 중 하나일 것이다.

사회를 구성하는 영역들은 기술변화, 산업변화와 함께 바뀐다.

그런데 영역별로 변화속도는 각각 다르다. 가령 산업, 경제 영역은 변화가 빠르고 정치는 그보다는 느리며 법이나 제도는 훨씬 더 느리다. 그렇다면 교육은 어떨까. 교육은 변화가 매우 느린 영역이다. 학교의 교실이나 대학의 강의실을 한번 생각해보자. 대부분 책상의 배치나 칠판 또는 화이트보드, 교재, 연단 등을 떠올릴 것이다. 어느 나라, 어느 지역의 학교든지 구조는 비슷하며 교사 또는 교수는 가르치고 학생이 배우는 방식 또한 천편일률적이다. 앞서 언급한 바와 같이 공교육은 산업혁명 이후 만들어졌는데, 그때 만들어진 교육시스템은 오늘날까지 거의 큰 변화 없이 이어지고 있다. 미래교육의 세계적 권위자이자 온라인교육 업체 코세라의 공동창업자인 대프니 콜러(Daphne Koller) 박사는 이렇게 말했다.[6]

"300년 전 교사를 잠재웠다가 오늘날 강의실에서 눈뜨게 하면 '내가 있는 여기가 어디인지 정확히 알겠다'라고 말할 것이다."

300년 동안 거의 변화가 없었던 학교교육이었지만 디지털기술과 인공지능 등 4차 산업혁명 기술이 접목되면서 이제 거대한 변화를 예고하고 있다. 특히 코로나19 팬데믹으로 학교교육은 엄청난 변화를 겪었다. 미래학자들 중에는 극단적으로 학교가 사라질 것이라고 예측하는 사람도 적지 않다. 전통적 개념의 교육은 학교라는 장소에서 교사는 가르치고 학생들은 배우는 것을 일컫는다. 하지만 4차 산업혁명을 거치면서 초지능, 초연결사회가 되면 학교교육의 양상은 완전히 달라질 것이다.

▶️ 누구도 제대로 알려주지 않았던 학교교육의 변화

우선 **물리적 공간으로서 학교의 의미는 크게 변화할 것이다.** 학교는 공부하는 장소다. 하지만 공부를 하기 위해 꼭 학교에 가야 하는 것은 아니다. 미래에는 장소에 구애받지 않고 언제 어디서나 접속만 하면 학습할 수 있게 될 것이다. 지금도 세계 어느 나라에 살건, 아프리카 오지에서도 인터넷에 연결만 되면 미국의 MIT나 하버드대 명강좌를 이른바 '무크(MOOC)'로 들을 수 있다. 여기서 무크는 'Massive Open Online Course'의 약자이다. 인원 제한 없이(massive), 모두에게 공개되고(open), 웹 기반으로(online) 이루어지는 무료강좌(course)라는 뜻이다.

인터넷강의가 상용화된 것은 이미 오래전이다. 학교의 교실에 모여서 하는 대면 집체수업은 줄어드는 추세고, 앞으로 온라인교육이나 재택학습, 탐방학습이 점점 늘어날 것이다. 앞서 언급한 코세라는 2012년 스탠퍼드대 컴퓨터공학과 앤드루 응과 대프니 콜러가 비싼 대학등록금을 낼 형편이 안 되는 사람들에게 양질의 교육기회를 주고자 만든 온라인강연 사이트로 시작됐고 오늘날 글로벌 무크회사로 자리 잡았다. 스탠퍼드대, 예일대, 런던대, 북경대, 칼텍 등 굴지의 명문대학들은 코세라 사이트를 통해 무크강좌를 운영하고 있다. 2021년 9월 기준 9,200만 명의 등록학습자가 있는 세계 최대 온라인학습 플랫폼 중 하나이다. 대개 4~6주 과정으로 누구나 무료로 들을 수 있지만 수료증을 받으려면 과제나 시험을 치러야 하고 일정 금액의 돈을 내야 한다. 대프니 콜러는 테드(TED) 강연에서 이렇게 말했다.[7]

"어쩌면 다음 아인슈타인이나 다음 스티브 잡스는 아프리카의 외딴 동네에 살고 있을 수 있다. 그리고 만약 우리가 그런 사람에게 교육을 제공할 수 있다면 그들은 기발한 생각을 떠올릴 수 있을 것이고 우리 모두를 위해 더 나은 세상을 만들 수 있을 것이다."

좋은 자료, 좋은 강의는 인터넷이나 유튜브채널, 무크강좌 등을 찾아보면 얼마든지 있다. 개인의 의지와 노력, 약간의 노하우만 있으면 양질의 강좌를 찾을 수 있고 무료로도 들을 수 있다. 좋은 정보를 찾는 것도 실력이다. 미래에는 더 그러할 것이다.

두 번째는 **교수자인 교사와 교수의 역할이 변화할 것**이라는 점이다. '세계미래학회(World Future Society)'라는 단체가 있다. 미국에 본부를 두고 있는 세계 최대 규모의 미래학 연구집단이다. 내로라하는 미래연구자들은 대부분 회원으로 가입되어 있다. 세계미래학회는 미래학자들 대상의 설문조사(2013년)를 통해 '미래에 사라질 열 가지'라는 제목의 보고서를 발표한 적이 있다.[8] 그 리스트에 보면 놀랍게도 현재의 교육과정이 포함되어 있다. 공장처럼 대량생산 방식으로 이루어지는 천편일률적 교육모델이 사라지고, 교사도 필요 없어지는 맞춤형 학습시대가 열릴 것이라는 예측이다. 한술 더 떠 미국의 미래학자 토마스 프레이(Thomas Frey) 다빈치연구소 소장은 전 세계 대학의 절반은 20년 내 문을 닫을 거라는 비관적인 전망을 내놓기도 했다. 물론 이런 위기의 배경에는 4차 산업혁명과 인공지능 기술 등이 있다. 미래학자들이 사라질 거라고 예측한 직업에는 의사, 변호사, 기자, 교수, 교사 등이 있다. 지금과는 완전히 달라질 미래교육에서는 단순히 교육과정의 지식을 전달하기만 하는 교사나 교수는 찾아보기 힘들 것이다. 미래교수자의 역할은 지식전달이 아니라 왜 학습이 필요한지를 깨닫게 해주고 스스로 학습하는 방법을 코칭해주는 것이다. 이를테면 교사는 지식을 가르쳐주는 사람(Teacher)이 아니라 학습을 지도하고 조언하는 사람(Mentor)으로 변화할 것이다.

세 번째는 **학교에서의 교수학습법 변화**를 들 수 있다. 최근 선진국에서는 '거꾸로교육(Flipped learning, 플립러닝)'이 기존 교육에 대한 혁신적 대안으로 실험되고 있다. 기존의 전형적인 교육패턴은 학교에서 배우고 집에 가서 복습하고 다시 학교에서 평가를 받는 것이었다. 거꾸로교육은 말 그대로 거꾸로다. 공부는 집에서 하고 학교에

와서는 모르는 것을 물어보거나 어려운 것을 같이 토론해보는 방식의 새로운 교육법이다. 온라인이나 클라우드에 미리 동영상 강의자료를 올려놓으면 학생들은 원하는 시간에 접속해 개인맞춤형으로 공부할 수 있다. 그런 의미에서 ICT(Information and Communications Technology)는 '거꾸로교육'의 필요조건이다. ICT는 앞으로 교육현장에 점점 더 많이 도입되고 활용될 것이다. 에듀테크 산업이 각광받고 있는 것은 이 때문이다. 기술발전과 함께 에듀테크 산업도 빠르게 발전할 것이고, 교실환경은 디지털 기반으로 재설계될 것이다. 전자책이 종이책을 대체할 것이고, 오프라인 수업보다는 개인맞춤형 온라인수업, 주입식 집합교육보다는 집단지성, 협업, 프로젝트 중심의 교육으로 변화할 것이다.

앞서 언급한 거꾸로교육은 교육현장에서 시작된 혁신의 흐름으로 미국 콜로라도주의 화학교사 존 버그만이 시작한 것으로 알려져 있다.[9] 교사가 수업내용을 동영상으로 만들어 학생들에게 미리 보고 오게 하고, 실제 수업시간에는 학생이 주도하여 과제수행, 질문, 토론을 하는 독특한 수업방식이다. KBS(한국방송공사)의 정찬필 피디가 2013년 2월 인도네시아 발리에서 개최된 애플의 국제 교육혁신 콘퍼런스에서 거꾸로교육을 처음 접한 뒤 방송에서 처음 소개하면서 우리나라에서도 조금씩 알려지기 시작했다.

2014년 3월 〈21세기 교육혁명-미래교실을 찾아서〉(3부작), 2015년 〈거꾸로 교실의 마법〉(4부작), 2016년 〈배움은 놀이다〉(4부작)

시리즈로 방송되었는데, 이 일련의 방송은 교육현장에 큰 파장을 불러일으켰다. 실제 거꾸로교육을 실험한 결과, 수업시간에 잠을 자던 아이들의 눈빛이 되살아나면서 탐구심 넘치는 학습자로 변신했다고 한다. 이렇게 교육현장에서도 기존 교육의 한계를 깨닫고 여러 가지 실험과 혁신의 노력들이 이루어지고 있다. 학교라는 공간의 변화, 교수학습자의 역할변화, 교수학습 방법의 변화는 이미 시작되었다.

학교와 선생님이 없어진다면

3

▶️ 학교에서 배운 것을 모두 잊은 후에도 남는 그 무엇

일부 미래학자들의 예측처럼 선생님과 학교가 아예 사라지고 인공지능이 가르치거나 인공지능 튜터와 함께 학습하는 그런 사회가 올까. 교육 전문가들의 생각은 다르다. 이들은 대부분 교사와 학교가 사라지는 일은 없을 것이라고 말한다. 필자 역시 같은 생각이다.

한번 생각해보자. 선생님이 없는 학교, 학교가 없는 사회가 과연 가능할까. 상상조차 할 수 없다. 선생님과 학교가 없는 미래는 생각만으로도 끔찍하다. 물론 지금도 선생님과 학교 없이 혼자 공부를 할 수는 있다. 디지털기술의 발전으로 집에서도 인터넷으로 수업을 들을 수 있고, 비싼 돈 들여 유학을 가지 않아도 무크강좌로 아이비리그 명문대학의 명강의를 무료로 수강할 수 있다. 머지않은 미래에는 인공지능 튜터와 함께 혼자서 학습하는 것도 충분히 가능할 것이다. 하지만 이런 것이 교육의 전부는 아니며, 학교는 공부만 하는 곳이 결코 아니다. 가정에 인공지능 튜터가 보급된다고 해서 그것이 교사를 대체할 수는 없다. 인공지능 튜터는 교사의 대체재가 될 수 없으며 그 역할 또한 다르다. 인공지능 튜터에게 교과지식을 배울 수는 있어도 개인적인 고민이나 진로에 대해 상담할 수는 없다. 선생님은 단순히 지식만 가르치는 사람이 아니다. 또한 학교는 단지 수업하고 공부하고 시험을 보는 물리적 공간만이 아니다. 인공지능 기술이나 인공지능 튜터는 교과지식의 전달이나 개인맞춤형 학습에는 매우 유용하겠지만 아무리 그렇더라도 그것은 교수학습의 도구일 뿐이다.

여기서 우리는 선생님에 대해 진지하게 생각해봐야 한다. 도대체 선생님의 역할과 기능은 뭘까. 가령 우리 부모님들의 학창 시절을 한번 떠올려본다면 학교와 교실, 선생님들, 친구들이 차례로 생각날 것이다. 그런데 우리를 가르친 그 많은 선생님들이 얼마나 잘 가르쳤고 무엇을 어떻게 가르쳤는지 등 구체적인 것은 거의 기억나지 않을 것이다. 하지만 세심하게 배려하고 멘토링해주고 인격적으로 챙겨주었던 선생님은 오랫동안 기억할 것이다. 선생님께서 해줬던 따뜻한 말 한마디, 마음을 울렸던 격려 등은 평생 기억에 남을 것이다. 이것만 보더라도 선생님이 단순히 지식만 가르쳐주는 사람이 아니라는 것은 분명하다.

미래의 교사는 지식을 전수해주는 전문기술자가 아니라 학생들에게 왜 공부가 필요한지를 깨닫게 해주고 각자에게 맞는 학습법을 찾도록 알맞게 코칭해주는 사람이다. 천재 물리학자 아인슈타인은 교육과 관련된 많은 어록을 남겼는데, 그중 하나는 다음과 같은 말이다. 그는 '교육이란 학교에서 배운 것을 모두 잊어버린 후에도 남는 그 무엇'이라고 말했다. 그 무엇은 뭘까. 학교에 대한 추억일 수도 있고, 학교생활을 통해 얻은 좋은 습관이나 학창 시절에 형성된 소중한 친구관계일 수도 있다.

☝ 미래교육에서 가장 먼저 사라지는 것

혹자는 현재 우리나라 교육의 총체적인 문제를 '지금은 19세기 교실에서 20세기 교사들이 21세기 학생을 가르치는 상황'이라고 진단한다. 교실의 모습만 보더라도 시설이나 사양은 한층 더 업그레이드됐지만 기본적 구조나 분위기는 19세기 근대화 시절의 교실과 크게 다르지 않다. 십년수목백년수인이라는 말처럼 미래를 이끌어갈 인재를 양성하는 일은 국가적으로 중요하다. 이 막중한 백년수인 역할과 기능을 담당하고 있는 것이 바로 선생님들이다. 선생님들의 역할이 무엇보다 중요하다. 교육경쟁력이야말로 국가경쟁력의 핵심이며, 교육경쟁력의 원천은 바로 선생님들이다. 교육의 질은 결코 교사의 질을 뛰어넘을 수 없다.

이제 미래교육을 한번 상상해보자. 미래교육에서는 수업이라는 용어 자체가 적절하지 않을 수 있다. 수업의 사전적 의미는 '교사가 학생에게 지식이나 기능을 가르쳐줌'을 의미한다. 미래의 학교에서는, 교사는 가르치고 학생은 배우는 식의 고정된 역할은 더 이상 찾아볼 수 없을지도 모른다. 공자는 '삼인행필유아사(三人行必有我師)'라고 말했다. 세 사람이 같이 길을 가면 반드시 내 스승이 있다는 뜻이다. 교사와 학생의 고정된 역할이 아니라 학생끼리 서로 가르치고 배울 수도 있으며 교사가 학생으로부터 배울 수도 있다.

미래교육에서 가장 먼저 사라지게 될 것은 틀에 박힌 교육방식일 것이다. 모든 아이들은 각자 능력과 수준, 성격과 취향이 다르므로 서로 다른 방식으로 교육되어야 한다. 학교의 교육과정은 더 유연해져야 하고 개별 학교나 교사에게는 더 많은 자율성이 부여되어야 할 것이다.

AI 없이는
아이 공부 어렵다?

4

에듀테크, 개념부터 확실히 잡기

4차 산업혁명의 핵심기술들은 경제, 사회, 문화를 변화시키고 교육도 근본적으로 바꿔놓을 것이다. 첨단기술이 교육과 결합되는 것을 에듀테크, 또는 에드테크라고 한다. 종이와 연필이 주를 이루었던 기존의 교실환경과 전통적인 교수학습법에 4차 산업혁명 미디어, 소프트웨어, 인공지능, 빅데이터 등 첨단 정보통신 기술이 융합되면 새로운 교육환경과 학습경험이 만들어진다.

4차 산업혁명은 산업생태계를 변화시킨다. 산업, 금융, 행정 등 다양한 분야에 ICT기술이 적용되고 있고, 변화가 느린 교육 분야에서도 큰 변화가 일어나고 있다. 특히 코로나19 대유행으로 인해 비대면 생활이 오랫동안 계속되면서 에듀테크 산업은 빠른 속도로 발전하고 있다. 지금까지는 ICT기술 활용교육, 이러닝(E-learning), 유러닝(U-learning) 등 다양한 이름으로 불려왔지만 이제는 에듀테크라는 용어로 통일되고 있다. 에듀테크는 전통적 교육방식의 한계를 뛰어넘는 새로운 교육산업으로 발전하고 있다. 앞으로는 에듀테크를 이야기하지 않고는 교육의 미래를 말할 수 없을 것이다. 글로벌 컨설팅그룹 가트너는 교육의 '하이프 사이클(Hype cycle, 기술의 수준과 상용화를 시각적으로 나타낸 그래프)'을 언급하면서 향후 교육현장에 미치는 파급효과가 가장 큰 기술로 인공지능 기술을 꼽고 있으며, 앞으로 교육시장을 재편할 것으로 전망하고 있다.[10]

에듀테크는 인공지능, 증강현실, 가상현실, 사물인터넷, 빅데이터 등 다양한 ICT기술을 교수학습법에 적용하고 융합하는 것이다. 그중 인공지능은 에듀테크 산업에서 가장 핵심적인 기반 기술 역할을 한다. 인공지능이 교육의 전 영역에 광범하게 적용되면 교수학습 지원시스템, 교육장비·하드웨어, 학습관리 솔루션 등 인공지능 기반의 새로운 미래교육 시대가 열릴 것이다. 기존의 이러닝과 비교해볼 때, 에듀테크 기반 학습은 기술적으로나 효과성 측면에서나 차원이 다르다. 이러닝이 수업 동영상을 찍어서 온라인에 올려놓고 학습자가 자율적으로 이용하는 학습법이라면, 에듀테크는 이를 넘어서 완전히 다른 경험을 제공해준다. 가령 인공지능 기술을 활용하면 개별적으로 학습난이도를 조절하는 맞춤형 학습이 가능하고 사이버 강의실에서 VR기술을 활용하면 현장학습처럼 생생하게 수업을 받을 수 있다. 또한 요즘 가장 핫한 이슈인 메타버스 플랫폼에 학교나 교실이 만들어진다면 실제 학교에 가지 않고 아바타를 대신 등교시킬 수도 있다. 가상공간에서도 실시간 질의응답을 할 수 있고 생생한 인터랙션(상호작용)이 가능하며 아바타들끼리 대화하고 함께 어려운 수학문제를 풀 수도 있을 것이다.

AI(Artificial Intelligence)로봇은 실제 교육현장에서도 도입되고 있다. 미국에서는 AI로봇 선생님이 수업을 진행하는 곳도 있다. 교실에 AI로봇이 배치돼 수업을 하고 학생들의 질문에 대답도 한다. 학생들의 평균 수준에 맞춰 표준화된 수업을 하는 게 아니라 개인별 수업을 할 수 있어서 특히 학업성취도가 낮은 학생들에게는 큰 도움을 줄 수 있다. 가상현실 기술을 도입한 대학도 있다. 가령 가천대학교 메디컬 캠퍼스에서는 최근 AR·VR기술을 도입해 강의를 운영하고 있다.[11] AR·VR 활용수업을 위해 VR기기 32대를 도입했고 무선AP(Access Point, 접근점)를 설치한 최신 강의실도 구축했다. 의과대학 '4차 산업과 의학' 수업 등에 VR기기를 적용해 운영했는데, "눈앞에서 실제처럼 사람의 장기 모습을 볼 수 있어서 실감 나고 머리에 잘 들어온다"며 학생들의 호응이 좋았다고 한다.

🖱 메타버스와 인공지능, 왜 진로설계에 중요할까?

과학기술정보통신부 산하에는 많은 연구기관들이 있다. 그중 소프트웨어정책연구소(SPRi)란 곳이 있다. 이 연구소에서는 매년 SW 전문가 1,000명을 대상으로 설문조사를 하고 이를 분석해 연말쯤 'SW산업 10대 이슈'를 선정해 발표한다. 2021년 12월 1일 개최된 '2022 SW산업 전망 콘퍼런스'에서 이 연구소의 김정민 선임연구원은 '2022년 SW산업 10대 이슈 전망'을 발표했다.[12] 10대 이슈에는 1위 책임 있는 인공지능, 2위 비즈니스의 가상화, 3위 IT운영의 자율화(AIOps), 4위 데이터 주권시대의 개막, 5위 메타버스의 공적 활용, 6위 지능형 로봇의 불확실성 완화, 7위 대체불가능토큰(NFT), 8위

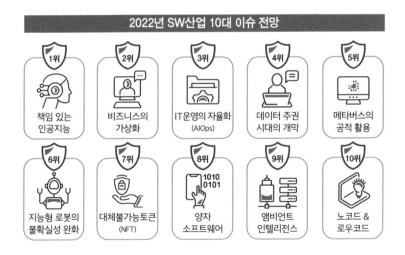

양자 소프트웨어, 9위 앰비언트 인텔리전스(AMI, Ambient Intelligence),
10위 노코드(No-code)&로우코드(Low-code) 등이 선정됐다.

이 중에서 특히 교육 분야에 영향을 미칠 요인으로 인공지능과
메타버스에 주목할 필요가 있다. 우선 AI연구와 기술이 발전하고
상용화 단계가 임박하고 있고 AI와 관련된 여러 가지 이슈들이 제
기되고 있다. 10대 이슈 중 AI 관련 이슈는 3개나 된다. 1위로 꼽힌
'책임 있는 인공지능'은 AI신뢰의 기준 마련 등 AI의 책임성을 말하
는 것이고 3위 AIOps(Operations, 운영)는 인공지능 기술로 IT운영을
효율적으로 개선하는 것을 말한다. 9위 앰비언트 인텔리전스는 빅
데이터 분석으로 사용자행위를 예측해 서비스하는 것인데, 교육서
비스에 도입된다면 개인별 맞춤교육, 인공지능 기반의 자기주도 학
습을 가능하게 해줄 것이다.

메타버스 역시 엄청난 교육혁신을 불러일으킬 수 있다. 요즘 메
타버스가 화두가 되면서 메타버스 캠퍼스 구축을 서두르는 대학들
이 많다. 사교육에서도 메타버스 학습플랫폼이 만들어지고 있는데,
공교육에 메타버스가 도입된다면 학생들은 물리적인 교실공간이 아
닌 사이버공간의 메타버스 교실에 본인 대신 아바타가 출석해 수업
을 받을 수 있다. 인공지능과 메타버스는 학교교육의 새로운 미래
를 열 것이다. SF영화에나 나올 법한 모습이지만 기술의 발전속도
는 우리의 예측을 뛰어넘어 머지않은 미래에 현실이 될 가능성이
높다.

이렇듯 교육에 기술을 접목한 에듀테크 산업은 빠르게 성장하고 있고 그 핵심은 인공지능과 메타버스다. 소프트웨어정책연구소의 〈2021년 SW산업 10대 이슈 전망〉 보고서를 보면, '에듀테크 SW 시장 수요확대'가 10대 이슈 중 1위를 차지했고, 그 전년도 보고서에서는 에듀테크 대신 '교육을 위한 인공지능'이 선정된 바 있다.[13] 에듀테크 산업의 발전이 미래교육에 엄청난 영향을 끼칠 것은 자명하다. 소프트웨어정책연구소 보고서에 의하면 에듀테크 현황은 대략 다음과 같다. 에듀테크 벤처캐피털 투자규모는 최근 10년간 약 14배 증가(2010년 5억 달러 → 2019년 70억 달러)했고 글로벌 SW기업은 일찍부터 에듀테크에 투자해 하나 이상의 교육서비스를 보유하고 있는 것으로 조사됐다. 가령 구글은 클래스룸과 지스위트, 애플은 클래스룸, 마이크로소프트는 오피스 365 에듀케이션, 아마존은 인스파이어와 래피드 등의 교육서비스를 제공하고 있다. 우리나라에서도 코로나19 유행 이후 교육시장의 중심이 인공지능 기반 교육 애플리케이션으로 빠르게 이동하고 있다. 국내 에듀테크 기업도 인공지능 기반 수학교육 솔루션 노리나 어학솔루션 뤼이드 등 인공지능을 활용한 교육솔루션을 개발해 속속 출시하고 있다. 정부는 정부대로 인공지능 교육정책을 준비하고 있다. 2019년 12월에는 'AI 국가전략'을 발표하면서 초등학교 저학년을 대상으로 한 인공지능 기반 교육을 포함한 새로운 제도의 실행을 예고했다. 이렇게 에듀테크 산업은 빠르게 성장하고 있고 인공지능 교육 등 교육정책 변화도 빠르게 진행되고 있다.

　4차 산업혁명과 디지털 대전환에 부응해, 교육부는 2021년 7월 K-에듀 통합플랫폼을 포함한 미래교육의 밑그림을 발표했다.[14] 만약 교육부 발표대로만 정책이 진행된다면 2024년부터 교사, 학생은 교육자료부터 수업지원 에듀테크, 인공지능 맞춤형 학습지원 서비스까지 한꺼번에 이용할 수 있게 될 것이다. 교육행정정보시스템(나이스), 회계관리시스템(에듀파인)까지 모두 연계되기 때문에 교사는 로그인 한 번으로 수업학사 관리, 교육자료 과금까지 함께 편하게 처리할 수 있을 거라고 한다. 현재 교육당국은 고교학점제 등 교육제도 개선과 교육과정 개정, 그린스마트미래학교,* K-에듀 통합플랫폼 등 세 축을 중심으로 미래교육을 준비 중이다. 이런 교육정책의 변화 흐름에 대해서도 부모님들은 관심을 갖고 지켜봐야 한다.

　인공지능을 비롯한 에듀테크가 교육에 전격 도입되면 학교교육과 개인학습은 근본적인 변화를 맞을 것이다. 인공지능 기술은 학습자 개인별 상황과 능력의 수준을 정확히 진단하고, 이를 바탕으로 학생 개개인에게 적합한 콘텐츠와 커리큘럼, 학습방법을 추천하거나 제시해줄 수 있다. 그렇게 된다면 표준화된 학교교육 모델은

● 교육부가 2020년 7월에 발표한 그린스마트미래학교 사업 계획은, 2021년부터 2025년까지 18조 5,000억 원을 투입하여 40년 이상 지난 학교의 노후건물을 개축, 리모델링하는 사업이다. 저탄소 제로에너지를 지향하는 그린학교, 미래형 교수학습이 가능한 첨단기술 기반의 스마트교실, 학생 중심의 사용자 참여설계를 통한 공간혁신, 지역사회를 연결하는 생활사회간접자본 학교시설의 복합화라는 기본원칙을 두고 있다.

결국 사라지고 말 것이다. 평균적인 학생의 수준에 맞춰 수업하고 교육과정에 근거해 진도를 나가는 방식이 아니라 개인맞춤형 학습과 자기주도 학습으로 바뀔 것이다. 인터넷기술이 발전하면서 인터넷강의나 이러닝이 중요한 학습수단이 되었듯이, 미래교육에서는 인공지능을 기반으로 한 교수학습이 보편적인 학습방법이 될 것이다. 지금 우리 아이들이 컴퓨터 없이는 공부하기 어렵듯이, AI와 함께 살아야 하는 미래는 AI 없이는 수업도, 학습도 어려운 시대가 될 것이다.

디지털 네이티브 아이 독서력 키우기[15]

5

부모님, 1년에 책 몇 권 읽으세요?

"책은 사람을 만들고 사람은 책을 만든다"는 말이 있다. 추사 김정희 선생은 "가슴에 책 만 권이 들어 있어야 그것이 흘러넘쳐 그림과 글씨가 된다"고 말했다. 또한 안중근 의사는 일생 동안 "하루라도 책을 읽지 않으면 입안에 가시가 돋는다(一日不讀書 口中生荊棘, 일일부독서 구중생형극)"는 말을 새기며 살았다. 이렇게 책의 가치와 독서의 중요성을 이야기하는 격언과 가르침은 매우 많다. 하지만 오늘날에는 점점 빛바랜 이야기가 돼가고 있다. 책을 많이 읽으면 좋고 읽어

● 이 글은 필자가 〈대교배움총서〉 통권 2호에 기고한 글 '책의 미래, 독서의 미래'를 바탕으로 다시 쓴 글이다.

야 한다고 생각은 하지만, 정작 책 읽는 사람은 그리 많지 않다.

문화체육관광부의 〈2021년 국민 독서실태 조사〉 연구보고서에 따르면 최근 1년간(2020년 9월~2021년 8월) 성인 중 종이책과 전자책, 오디오북 등을 한 권 이상 읽거나 들은 사람의 비율인 '연간 종합독서율'이 47.5%로 집계됐다. 2019년보다 8.2%포인트 감소했다.[16] 미국의 퓨리서치센터가 조사한 미국성인의 독서율이 2019년 기준 72%인 데 비하면 우리 국민은 책을 적게 읽는다고 할 수 있다. 독서율, 독서량은 물론이고 월평균 서적구입비도 꾸준히 감소하는 추세로 나타나고 있다. 심각한 위기징후라고 볼 수 있다.

객관적 통계를 보면 책 읽는 사람은 갈수록 줄고 있다. 물론 디지털시대에는 사람들이 책보다는 인터넷이나 유튜브, 소셜미디어 등에서 정보와 지식을 얻고 있고, 특히 청소년들은 종이책보다 디지털 콘텐츠나 모바일 콘텐츠에 훨씬 익숙하다. 미래학자 중에는 종이가 사라질 것이라고 예측하는 사람도 있다. 종이가 사라지면 종이책도 사라질까. 그러면 미래에는 독서를 통한 지식습득도 사라지는 걸까. 필자는 그렇지 않을 거라고 생각한다. 문화의 관점에서 보면 독서는 매우 중요하다.

독서는 한 사회가 지식을 접하고 인식하는 문화 차원의 문제다. 물론 개인 간 차이도 있겠지만, 사회적 차원에서 보자면 독서는 그 나라의 문화수준을 가늠하는 중요한 잣대 중 하나다. 이른바 지식기반사회, 지식정보사회에서 지식은 절대적으로 중요한 가치를 갖는다. 사회가 아무리 급변하더라도 지식의 중요성은 줄어들지 않을 것이다. 지식의 유효기간이 점점 짧아지고 있다고는 하지만 지식은 살아가는 데 필요불가결한 요소다. 그리고 우리가 지식을 습득하고 받아들이는 가장 중요한 매체는 책이다. 책과 지식은 불가분의 관계다. 이런 관점에서 독서문화를 바라봐야 한다.

이제 부모님 스스로를 돌아볼 필요가 있다. 우리 부모님들은 1년간 책을 몇 권이나 읽는지, 도서관이나 서점에는 1년에 몇 번이나 가는지 생각해보자. 부모 자신이 책을 읽지 않으면서 자식들에게 '공부해라, 책 읽어라'라고 채근한다면 이는 위선이다. 부모님들이 먼저 바뀌어야 한다. 부모들이 늘 책 보는 모습을 자식들에게 보여준다면 아이들은 말 안 해도 따라 배우게 될 것이다. 솔선수범보다 좋은 지도법은 없다. 제일 좋은 독서지도법은 부모님들이 먼저 책을 많이 읽고 책에서 얻은 좋은 내용을 아이들에게 이야기해주는 것이다. 실천과 습관이 먼저고 독서방법이나 스킬은 그다음 문제다. 가정교육은 학교교육만큼이나 중요하고, 교육에 있어서 부모님은 선생님만큼이나 중요한 역할을 한다. 아이들이 바뀌기 전에 부모가 먼저 바뀌어야 한다.

📌 책 읽는 습관만큼이나 중요한 것

4차 산업혁명의 격변기에는 학교나 대학에서 배운 지식만으로는 평생을 살 수 없다. 변화에 대처하려면 신지식, 신기술을 끊임없이 학습해야 한다. 기술이 발전하고 문화가 바뀌면 사람들이 살아가는 방식과 일하는 방식, 소통하는 방식도 계속 변화한다. 또한 정보와 지식을 전달, 습득하고 공유하는 방식도 변화한다. 산업화시대의 자본주의를 이끈 매체는 책, 신문, 잡지 등 인쇄매체였다. 근대 자본주의를 '인쇄 자본주의(Print capitalism)'라 부르는 것은 이 때문이다. 하지만 미디어가 발전하면서 인쇄매체는 점차 영화, TV 등 영상매체에 주도권을 내주었다. 이후 정보화혁명을 거치면서 인터넷과 PC가 확산되자 이번에는 온라인매체와 디지털 콘텐츠가 중요해졌다.

스마트폰 보급으로 새로운 강자로 부상한 건 소셜미디어(Social media)다. 정보화혁명 이후의 매체는 대부분 디지털 기반인데, 매체 환경이 변화하면서 전통적인 책과 독서의 중요성이 점점 퇴색하고 있다. 오늘날 대중이 정보와 지식을 습득하는 주된 채널은 인쇄매체나 대중매체가 아니라 유튜브, 페이스북·인스타그램 등 소셜미디어와 OTT(Over The Top) 서비스다. 요즘 세대는 책보다 유튜브채널이 익숙하다. 필요한 정보를 습득할 때 사전보다는 유튜브를 이용한다. 대부분의 지식이나 정보는 디지털화되었고 전자책, 웹진(인터넷상으로만 만들어 보급하는 잡지) 등 디지털 지식콘텐츠는 기하급수적으로 증가하고 있다. 이제 책과 디지털 콘텐츠의 경계도 무너지고 있다.

그렇다면 책과 독서의 미래는 어떻게 될까? 국어사전에서 '책'의 정의를 찾아보면 '일정한 목적, 내용, 체제에 맞춰 사상, 감정, 지식 따위를 글이나 그림으로 표현해 적거나 인쇄하여 묶어놓은 것'이라고 나온다. 하지만 미래의 책은 종이책만을 가리키지는 않을 것이다.

태어날 때부터 디지털기기를 보며 자란 디지털 네이티브(Digital native) 세대는 종이를 넘기는 아날로그 책보다 스크린을 스크롤하며 콘텐츠를 소비하는 방식에 익숙하다. 그들에게는 종이책 읽기는 물론이고 디지털독서나 모바일 콘텐츠의 소비, 나아가 영상 구독까지도 독서의 다양한 방법이다. 이런 미래세대를 위한 독서지도법은 기성세대의 그것과는 달라야 한다. 우선은 지식과 독서의 중요성을 인식하고 책 읽는 습관을 갖도록 해야 한다. 다음은 책, 인터넷 등 다양한 매체를 통해 지식을 습득하고 학습하는 방법을 가르쳐주고, 범람하는 정보의 홍수 속에서 가짜 지식을 가려내고 유용한 지식을 선별할 수 있는 방법 역시 익히게 해주어야 한다. 이를 정보사회에 꼭 필요한 역량인 '인지부하 관리(Cognitive load management)'라고 한다. 사람의 인지능력과 학습용량은 제한적이기 때문에 정보의 중요성에 따라 좋은 정보를 판별하고 걸러내는 능력이 필요하다. 좋은 책을 많이 읽다 보면 좋은 책, 좋은 정보를 판별할 수 있는 습관이나 능력을 경험적으로 체득할 수 있다. 우리 아이들에게 가르쳐줘야 할 것은 물고기를 많이 잡는 능력이 아니라 어떤 물고기가 좋은 물고기인지를 판별해내는 능력이다.

지식정보사회에서 정보를 습득하고 지식을 배우는 것은 무엇보다 중요하다. 그런데 지식과 정보는 말과 글, 즉 언어로 이루어진다. 언어는 인간을 동물과 구분 짓는 가장 중요한 잣대이며 인류문명의 요체다. 만물의 영장인 인간이 가진 가장 강력한 힘은 언어와 과학기술로부터 나온다.

이런 상황을 한번 가정해보자. 12개의 외계 비행물체가 미국, 중국, 러시아를 비롯한 세계 각지 상공에 등장했다. 정체를 알 수 없는 이 비행물체는 18시간마다 아래쪽에서 문이 열리고, 내부로 들어가면 외계생명체와 접촉할 수 있다. 인류는 그들이 왜 지구에 왔는지를 알아내야 한다. 그들과 접촉할 인류 최고의 전문가 두 명을 선발해 외계 비행물체로 진입시키려고 한다. 딱 두 사람을 뽑아야 한다면 어떤 사람을 뽑을까. 이 상황은 〈컨택트〉라는 SF영화가 보여주는 상황이다.* 이 영화에서 외계생명체를 연구해 접촉할 전문가로 선발된 두 명은 누구였을까. 바로 언어학자 루이스 뱅크스 박사와 과학자 이안 도넬리였다. 이 영화를 보면서 필자는 생각의 전달과 소통의 도구인 언어의 중요성을 생각했다.

무릇 훌륭한 인재는 말을 잘하고 글을 잘 써야 한다고 생각한다. 송나라의 정치가이자 문인이었던 구양수(歐陽脩)는 "인재에게는

---

* 2016년 미국에서 제작된 이 영화의 원제는 'Arrival(도착)'이다.

글쓰기가 중요하고, 글쓰기를 잘하려면 다독(多讀), 다작(多作), 다상량(多商量)이 필요하다"고 말했다. 많이 읽고, 많이 쓰고, 많이 생각해야 한다는 뜻이다. 무엇이든지 많이 알아야 세상을 변화시킬 수 있다. 모든 지식의 출발은 많이 읽기다. 책의 정의나 독서방법 역시 변화하겠지만 미래에도 책과 독서의 가치는 여전히 중요할 것이다.

마이크로소프트의 창업자 빌 게이츠(Bill Gates)는 "오늘의 나를 만든 것은 동네 동서관이며, 독서하는 습관은 하버드대 졸업장보다 더 소중하다"고 말했다. 책 읽는 사람이 모두 리더(Leader)가 되는 건 아니다. 하지만 모든 '리더'는 예외 없이 '책 읽는 사람(Reader)'이었다. 마찬가지로 말을 잘하고 글을 잘 쓴다고 인재가 되는 건 아니지만 훌륭한 인재들은 예외 없이 말과 글에 능숙하다. 말과 글에 능숙하기 위한 가장 손쉬운 방법은 독서다. 아무리 시대가 변하더라도 책의 가치와 지식의 힘은 미래에도 여전히 중요할 것이다.

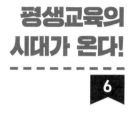

평생교육의
시대가 온다!

6

👆 아는 것이 진짜 힘이 되는 공부

"아는 것이 힘이다(Knowledge is power)." 영국의 경험주의 철학자 프랜시스 베이컨(Francis Bacon)이 했던 말로 알려졌지만, 사실은 중세시대부터 라틴어로 전해져오던 말이다. 베이컨은《고대인의 지혜(The Wisdom of the Ancients)》라는 책에서 이 말을 인용했고, 프랑스의 저명한 종교사학자 에르네스트 르낭(Ernest Renan)은《철학적 대화(Dialogues et fragments philosophiques)》에서 인용했다. 인간은 더 많이 알기 위해 배우고 공부하고 교육을 받아왔다.

옛 성현도 공부의 중요성을 설파했다. 공자의 가르침을 담은《논어(論語)》〈학이편(學而篇)〉의 첫 문장은 '학이시습지불역열호(學而時習之不亦說乎)'다. '배우고 이를 때때로 익히면 기쁘지 않겠는가'라는 뜻이다. 공자가 도대체 언제 적 사람인가. 인류의 스승 공자는 기원전 551~479년에 살았던 학자다. 지금으로부터 약 2,500년 전 인물이다. 학습의 중요성을 강조한 공자의 가르침은 이렇게 수천 년 동안 전해져오면서 지금도 세상 사람들의 입에 오르내린다. 그만큼 인생에서 공부가 중요하기 때문이다.

앞서 살펴보았듯이 공부나 학습은 혼자서도 할 수 있지만, 교육은 또 다른 문제다. 교육이란 원래 가르치고 배우는 상호작용으로 이루어진다. 가르치고 배우는 것을 제도화하고 이를 사회적 역할과 기능으로 설명하는 것이 교육제도다. 교육제도라고 하면 우리는 자연스럽게 학교를 떠올리게 된다. 학교는 공식적인 교육기관이고 사회적인 역할과 기능을 갖고 있기 때문이다. 하지만 광의의 교육은 학교교육만을 가리키지는 않는다. 초중고에서 이루어지는 공교육, 대학의 고등교육, 전문기술인을 양성하는 직업교육, 사설학원의 사교육, 온라인으로 이루어지는 인터넷강의, 집안의 가정교육, 자기주도 학습으로 이루어지는 독학 등 교육은 다양한 곳에서 다양한 방식으로 이루어진다. 교육을 크게 구분해보면 형식교육(Formal education)과 비형식교육(Informal education)으로 나눌 수 있다.

형식교육	비형식교육
가르치는 사람과 배우는 사람이 구분되고, 학교와 같은 공식적 장소에서 잘 짜인 교육과정에 의거해 의도적, 계획적, 체계적으로 진행하는 교육이다. '공식교육'이라고도 한다.	학교 이외의 다양한 공간에서 다양한 방식으로 이루어지는 교육을 말한다. 형식교육과 달리 의도성, 체계성, 지속성이 결여되거나 매우 약하다. '학교 밖 교육' 또는 '비공식교육'이라고도 한다.
• 학교교육이 대표적이다.	• 박물관에서 유물이나 전시물을 통해 인간의 역사를 학습할 수 있다. • 미술관에서 예술작품을 통해 살아 있는 예술교육이 이뤄진다. • 과학관이나 과학센터에서 직접 만져보는 체험을 통해 과학원리를 학습할 수 있다.

🖱 인공지능 시대 최고의 경쟁력

학교교육만으로 평생을 살아갈 수 있는 시대는 이미 끝났다. 지금도 대학까지 배운 지식으로 직장생활을 하기가 쉽지 않은 시대다. 대학졸업 후 취업을 하더라도 기업에서는 다시 재교육을 시킨다. 요즘 우리 아들은 약칭 'SSAFY(싸피)'라는 삼성청년SW아카데미에 다닌다. 2021년 2월에 기계공학과를 졸업했지만 바로 취업을 하지 않았다. 본인은 기계공학을 전공했고 산업디자인을 부전공했는데, 디지털 대전환시대에는 코딩(Coding)과 인공지능 기술이 절대적으로 필요하므로 소프트웨어 공부를 좀 더 하고 확실히 준비해서 취업하겠다고 했다. 서류전형, 면접시험 등을 거쳐 1년 교육과정에 들어갔는데, 코로나 상황이라 교육은 온라인으로 이루어진다. 아침 9시에 출석해서 오후 6시에 마치는 빡빡한 온라인교육 과정을 하루도 빠짐없이 열심히 듣고 있다. 출석체크도 하고 시험도 보고 과제도 하면서 하루하루를 알차게 보내고 있다. 대학 다닐 때보다 더 공부할 게 많다고 투덜대면서도 열심히 배우는 아들을 보면서 속으로는 기특하다는 생각을 했다. 소프트웨어를 알고 기계를 알면 뭘 해도 먹고살 수는 있겠다는 생각에 부모로서 다소 안심이 되었다. 아이가 클수록 부모가 해줄 수 있는 것은 점점 줄어든다. 스스로 알아서 해야 한다. 그러려면 공부습관이 중요하다. 공부하는 습관이 몸에 배면 자기에게 필요한 공부를 스스로 찾아서 하게 된다. 습관은 제2의 천성이다. 평생학습 시대에는 이런 습관이야말로 최고의 경쟁력이다.

미래에는 정규적인 형식교육보다는 학교교육 이외의 비형식교육 비중이 점점 더 커질 것이다. 변화에 적응하거나 변화를 주도하기 위해서는 부단히 새로운 지식과 기술을 학습해야 하기 때문이다. 지식이나 정보를 습득하는 방법도 달라질 것이고, 어떤 것을 학습할지의 내용도 달라질 것이다. 단순한 정보나 지식은 온라인에서 검색해 보면 바로 찾을 수 있으므로 굳이 많이 암기할 필요가 없다. 암기하는 지식의 양보다는 지식의 질이 중요해질 것이며, 어떤 정보가 어디에 있는지, 어떻게 찾을 수 있는지를 아는 것이 중요하다. 지식축적보다 지식판별과 활용능력을 갖춰야만 아는 것이 힘이 될 수 있다.

미래교육에서는 인공지능을 생각하지 않을 수가 없다. 지금 컴퓨터가 생활의 필수품이듯이 미래에는 인공지능이 필수품이 될 것이기 때문이다. 그런데 인지능력, 연산능력, 데이터분석 및 처리능력이 인간보다 훨씬 더 뛰어난 인공지능도 저절로 알지는 못한다. 인공지능도 학습한다. 구글의 알파고, IBM의 왓슨 등 첨단 인공지능은 머신러닝(Machine learning)이나 딥러닝(Deep learning)을 한다. 머신러닝은 알고리즘을 이용해 데이터를 분석하고 학습하고 학습내용을 기반으로 판단하고 예측하는 것을 말하고, 딥러닝은 인공신경망을 만들어 학습하는 고도화된 학습법을 가리킨다. 정교한 알고리즘의 작동으로 학습하므로 학습능력과 효율성이 엄청나겠지만 어쨌거나 인공지능도 학습을 한다. 인간보다 뛰어난 인공지능도 학습이 필요한데, 하물며 인간이야 두말할 필요도 없을 것이다. 인공지능이 딥러닝을 한다면, 인간은 라이프롱러닝, 즉 평생학습을 한다. 인간의 지식과 기술은 늘 불완전하며 그래서 부단히 새로운 지식과 기술이 만들어진다. 지식이라는 힘을 갖기 위해서는 평생 동안 학습해야 한다. 낡은 지식과 기술은 새로운 지식과 기술로 대체해야 한다. 그것이 인공지능 시대를 살아가는 인간의 생존법이다.

세상은 기하급수의 속도로 빠르게 변화한다. 낡은 지식은 신지식으로 대체되고 매일매일 새로운 지식과 기술이 쏟아지고 있다. 그런데 지식과 기술에도 유효기간이 있다. 각각의 지식은 절대적인 진리가 아니기 때문에 일정한 시간이 지나면 새로운 지식으로 업데이트해줘야 한다. 변화의 속도가 빨라질수록 새로운 지식과 기술이 생성되는 속도도 빨라질 것이고, 반면 지식정보의 유효기간은 짧아진다. 그만큼 재교육과 평생학습이 필요해진다.

늘 지식의 중요성을 강조했던 미래학자 앨빈 토플러(Alvin Toffler)는 "21세기의 문맹은 글을 읽고 쓸 줄 모르는 사람이 아니라 배우고, 배운 것을 일부러 잊고, 새로 배우는 것을 할 줄 모르는 사람"이라고 말했다. 미래는 배우고 새로 배우기를 거듭하는 평생교육의 시대가 될 것이다.

유치원 때처럼 놀듯이 공부할 수 있다면[17]

7

🖱️ 공부가 재밌어지는 '평생학습법'

세계 최고 명문이공대학 MIT의 연구소 미디어랩은 미디어아트 등 디지털 융합기술을 연구하고 기업과 연계해 도전적인 실험과 기술 개발을 하고 있다. 학위과정과 연구그룹을 운영하고 있어서 창의인 재의 산실로도 유명하다. 이 연구소는 1985년 니콜라스 네그로폰 테 교수와 제롬 위즈너 교수 등에 의해 설립됐다. 우리나라 최고 이 공계대학 카이스트에 있는 문화기술대학원의 모델이 바로 이 MIT 미디어랩이다. 이곳에는 첨단 테크놀로지를 연구하는 여러 연구그룹 이 있다. 로봇생활, 사회적 미디어, 만질 수 있는 미디어, 미래의 오

● 이 글은 필자의 한국일보 칼럼 '놀이와 공부'를 바탕으로 다시 쓴 글이다.

페라, 감정컴퓨터, 음성 인터페이스, 음악-마음-기계, 컴퓨터문화, 평생유치원 등 연구그룹의 이름에서 알 수 있듯 MIT 미디어랩에서 이루어지는 프로젝트들은 매우 창의적이고 융합적인 첨단연구들이다. 이 중 '평생유치원(LLK, Lifelong Kindergarten)'이라는 이름의 연구그룹도 있는데, 책임 교수가 미첼 레스닉(Mitchel Resnick)이다. 전 세계적으로 많이 사용되고 있는 블록코딩 플랫폼 스크래치를 개발한 사람으로 유명하다. 레스닉은 2017년에 《평생유치원》이라는 책을 펴냈고, 이 책은 이듬해 한국어판으로 번역, 출간됐다. 한국어판 발간을 기념해 그는 2018년에 방한해 부산에서 특별강연을 했다. 당시 레스닉 교수의 강연을 직접 들었는데 매우 인상적이었다.

무엇보다 평생유치원이라는 개념부터가 기발하다. 그는 지난 1,000년 동안 인간이 만들어낸 훌륭한 발명품으로 인쇄술, 증기기관, 컴퓨터 등이 있지만 가장 위대한 발명품은 바로 '유치원'이라고 말했다. 세계 최초의 유치원은 프리드리히 프뢰벨(Friedrich Fröbel)이 1840년 독일에서 처음 연 유치원이다. 프뢰벨은 정원사가 식물의 본성에 맞게 물과 비료를 주고 가지치기를 하며 식물을 재배하듯이, 교육자는 각각의 아이들이 가진 본성에 따라 잘 성장할 수 있는 환경을 조성해주어야 한다고 생각했다. 유치원을 의미하는 독일어 '킨더가르텐(Kindergarten)'은 '아이들의 정원'이란 뜻이다. 유아들이 잘 성장할 수 있는 교육환경이라는 의미가 담겨 있다. 프뢰벨의 발명품 유치원은 단순히 어린이를 위한 교육기관이 아니라 교육

방식의 근본적인 혁명이라는 것이 레스닉의 해석이다. 학교는 교탁 앞에서 선생님이 강의하는 방식으로 학생들에게 글자, 숫자, 지식을 가르쳐주는 곳이지만 유치원은 완전히 다르다. 아이들이 또래들과 어울려 놀고 체험하는 곳이며, 여기에는 공부와 놀이의 경계가 없다. 장난감, 만들기 재료 등 물건과의 교감을 통해 감성적인 학습이 이루어지면서 유아의 창의성이 발현된다. 유치원과 같은 학습환경에서 교육이 이루어진다면 청소년이나 성인들도 창의적인 교육이 가능하다. 성인들도 평생유치원 다니듯이 학습해야 한다는 의미에서 그는 평생유치원이라는 개념을 주창하고 있다.

🖱 창의력을 절로 키워주는 비밀코드 4P

한국어판 서문에서 레스닉은 왜 평생유치원 같은 학습이 중요한지, 창의적 두뇌로 성장할 수 있게 하는 비결이 무엇인지 설명한다.[18]

"우리의 교육은 즉각적인 변화가 필요하다. 학교 교실에서 이루어지는 수업은 물론 거실에서 게임을 하는 놀이에 이르기까지, 현재 아이들이 하는 대부분의 활동은 그들의 창의적 능력을 계발할 목적으로 설계되지 않았다. 대부분의 기술은 창의적 사고나 표현에 참여시키기 위해서가 아니라, 지식을 전달하거나 오락을 위해서 설계되었을 뿐이다. (…) 나는 다른 방법을 제안한다. '창의적 학습의 4P'라고 부르는 틀을 통해 학부모와 교육자들이 어린이들에게 그들의 열정을 기반으로 한 프로젝트를 친구들과의 협력을 통해 놀이하듯이 수행할 기회를 제공해야 하는 이유와 방법을 설명한다. 궁극적인 목표는 아이들이 스스로 생각하는 사람, 즉 창의적 두뇌로 성장해 그들 자신을 위한 새로운 기회와 세계의 미래를 창조할 수 있도록 하는 것이다."

창의적 학습의 비밀로 제시한 레스닉의 창의코드 4P란 무엇일까. 첫 번째는 일방적 암기나 학습이 아니라 자기주도적인 프로젝트(Project)이고, 두 번째는 열정(Passion)이다. 세 번째는 함께하는 친구나 동료(Peers)이며 네 번째는 놀이(Play)다. 이 네 가지 요소는 각각 모두가 중요한데 함께 어울려 결합될 때 효과가 극대화될 수 있다. 유치원의 교육방식을 꼼꼼히 들여다보면 4P 요소를 모두 포함하고 있다. 유치원의 교육방식을 한번 상상해보라. 유치원에서는 아이들이 장난감을 가지고 놀면서 프로젝트를 하듯이 놀이나 게임에 열정적으로 참여한다. 또래 동료들과 어울려 놀면서 저절로 학습이 이루어지고, 그 과정에서 자연스럽게 창의성이 발휘된다. 유치원에서 이루어지는 공부는 공부이면서 동시에 놀이다. 공부와 놀이가 구분되지 않는 즐거움이다. 그래서 유치원에서는 재미있게 즐기면서 쉽게 배울 수 있다. 모든 학습이 쉽고 재미있다면 좋겠지만 늘 그런 것은 아니다. 여기서 재미있다는 건 반드시 '쉽다'는 의미는 아니다. 쉽게 배울 수 있을 때 재미있겠지만, 어려운 것을 배우고 학습하면서도 즐거움을 느낄 수 있다. 정말 최고의 즐거움은 너무너무 어려운 것을 해냈을 때의 쾌감일 것이다. 가령 열정과 몰입을 통해 과학이나 수학의 난제를 해결했을 때의 쾌감은 그 어떤 즐거움보다 클 것이다.

4차 산업혁명 시대에는 평생학습이 필요하다. 학교교육만으로 미래를 살아갈 수는 없다. 토플러의 명언처럼 배우고 배운 것을 일부러 잊고 부단히 새롭게 배워야 한다. 무엇을 학습하느냐만큼이나 어떻게 학습하느냐도 중요하다. 아는 사람은 좋아하는 사람만 못하고 좋아하는 사람은 즐기는 사람만 못하다. 유치원을 다니듯이 즐기는 공부는 일종의 놀이다. 유치원에서는 놀면서 공부하고 공부하면서 논다. 이왕 평생학습을 해야 한다면 평생유치원과 같은 학습이 가능하면 더 좋을 것이다. 평생유치원 개념을 깨치고 어릴 때부터 체득해 습관화한다면 아마 평생학습은 한층 더 쉽고 재미있어질 것이다.

놀면서 배우는 과학상황극 '톡신'

한국과학창의재단이 몇 년간 주관한 청소년 과학행사 중 '톡신 (Talk Scene)'이라는 프로그램이 있다. 과학적 내용이나 상황을 연극으로 표현하는 청소년창작 과학상황극 경진대회라고 할 수 있다. 2018년 필자는 톡신 본선대회를 참관했었는데 매우 인상적이었다. 당시 예선을 통과한 중고등학교팀이 과학연극을 펼쳤다. 어떤 팀은 바이러스나 에이즈의 원리를 연기했고, 또 다른 팀은 과학이 부흥했던 조선 세종시대 장영실의 발명을 상황극으로 만들었다.

처음에는 청소년들의 과학연극이라길래 뭔가 어설플 것이라고 짐작했었는데 예상을 완전히 빗나갔다. 톡톡 튀는 아이디어와 기발한 대사, 열정적 연기가 어우러져 청소년들의 끼를 한껏 뿜어낸 멋진 퍼포먼스를 연출해낸 것이었다. 관객석에서는 시종일관 폭소가 터져 나왔고 극이 끝날 때마다 우레 같은 박수가 쏟아졌다. 흔히 과학이라고 하면 어렵고 딱딱한 것이라 생각하기 마련이다. 그런데 청소년들이 열정으로 빚어내는 과학상황극을 보면서 '과학이란 게 이렇게 재미있는 거구나'라는 생각에 빠져들었다. 과장하자면 웬만한 TV의 개그 프로그램만큼이나 재미있었다. 학생들이 어려운 과학을 재미있는 연극으로 표현하고 열정적인 작품을 만들어낼 수 있었던 힘이 뭘까를 생각해보면서 레스닉의 평생유치원 개념을 떠올릴 수 있었다.

대회가 끝난 후 우승팀의 지도교사였던 과학선생님과 이야기를 나누었는데 그 선생님이 말하길, "아이들이 너무 재미있게 준비를 했고 다들 스스로 알아서 해서 지도교사인 나는 숟가락만 얹었을 뿐, 한 게 아무것도 없었다"라는 것이다. 아이들에게 과학 상황극은 자신들의 끼와 열정을 쏟아부은 프로젝트였고 과학 공부가 아닌 친구들과 함께하는 놀이였던 것이다. 여기에는 프로젝트, 열정, 동료, 놀이 등 레스닉의 4P가 모두 담겨 있다.

이렇게 놀이하듯 공부하고 또래 아이들과 열정을 나눌 수 있는 경험을 갖는 것이 중요하다. 그것이 캠프여도 좋고 팀으로 출전한 대회이거나 지역탐방 프로젝트일 수도 있다. 한번 이런 경험을 한 아이가 자신이 좋아하는 것을 찾게 되면 그 분야에 빠져들게 되고, 놀면서 공부하고 즐기면서 배우는 평생유치원 학습법을 저절로 익힐 수 있을 것이다.

아이의 진로,
방향을 제대로 고민할 때

8

📌 20세기 부모의 21세기 아이 키우기

4차 산업혁명 시대의 교육은 지금까지의 교육과는 분명 달라야 한다. 사회적 관점에서 교육은 사회화기능을 담당하므로 사회적 가치와 요구를 반영할 수밖에 없다. 4차 산업혁명과 미래교육의 변화는 서로 영향을 주고받으며 같은 방향으로 나아갈 수밖에 없다. 미래교육과 관련해 많은 학자와 전문가들이 변화의 방향을 예측하고 진단하고 있다. 우리는 그들의 의견에 귀 기울일 필요가 있다. 한국영재교육학회 회장을 역임한 이정규 박사는 저서 《부모와 아이가 함께 성공하는 미래교육 전략》에서 미래교육 변화의 특징을 다음과 같은 세 가지로 요약했다.[19]

첫째, 세계경제포럼이나 경제협력개발기구(OECD)는 미래를 위한 역량으로 '창의력'과 '융합력'을 공통적으로 꼽았다. 둘째, 지금과 같은 교육시스템으로는 미래교육에 대응할 수 없다. 셋째, 세계적으로 전통적인 학교 교실이 붕괴되고 있고 혁신적인 학교와 교실, 교수학습법이 각광받고 있다. 이런 변화에 비추어볼 때, "오늘날의 학생을 어제의 방식으로 가르치는 것은 그들의 내일을 뺏는 것"이라고 말했던 실용주의 교육학자 존 듀이(John Dewey)의 말을 되새겨보아야 한다는 것이다.

✒️ 아이의 내일을 빼앗는 지금의 교육법을 버려라

교육의 미래를 전망하는 것은 사회의 미래를 예측하는 것과 무관하지 않다. 미래교육의 전망과 그 대응에 있어서 우리는 몇 가지 중요한 변화의 방향을 항상 염두에 두어야 한다. 자녀교육에서 반드시 고려해야 하는 점이기도 하다.

우선, 미래교육은 새로운 패러다임에 기반해 새로운 방식으로 이루어질 것이라는 점이다. 21세기의 교육, 4차 산업혁명 시대의 교육은 사회역사의 발전 방향에 맞게 이루어질 수밖에 없다. 산업화시대의 교육이나 정보화시대의 교육과는 교수학습 방법, 교육내용 등 모든 면에서 변화가 이루어질 것이다. 미래는 사람과 기계, 인간과 인공지능이 공존하는 사회다. 모든 면에서 인간과 기계, 인공지능과의 관계에 대해 생각해야 하고, 특히 인공지능이 갖지 못하는 인간만의 능력과 본질에 대한 성찰이 필요하다.

인공지능과 달리, 사람은 단순지식이 아니라 지혜를 가질 수 있고 또한 지식을 꿰뚫어 보는 통찰력을 가질 수 있다. 없는 것을 상상하고 복잡한 문제해결을 위해 창의성을 발휘하는 것도 인간이 잘하는, 매우 인간적인 능력이다. 고도의 인공지능도 방대한 지식으로 무장할 수 있고 상황에 맞는 적절한 문제해결법을 제안할 수 있겠지만, 하릴없이 미래를 꿈꾸거나 기발한 것을 상상할 수는 없다. 지성적 측면은 인공지능이 압도적으로 앞서겠지만, 감성 영역은 여전히 인간의 영역으로 남을 것이다. 어려운 공부와 힘든 노동에서 오히려 즐거움을 맛보고, 불의를 보면 분노하고, 아름다움을 보면 심취하는 감성은 인간의 고유한 속성이다. 아프고 병들고 고통받는 이웃들을 위해 봉사하고 헌신하는 것, 위험에 처한 타인을 위해 자신의 목숨까지도 기꺼이 던질 수 있는 희생정신, 함께 사는 세상을 만들려고 하는 연대의식, 아름답고 인간적인 것에 대한 공감 등도 우주에서 유일한 사회적 동물인 인간의 전유물이다.

따라서 미래교육은 교과지식을 전달하고 암기하는 교육이 아니라 삶의 지혜와 지식을 관통하는 통찰력을 길러주는 교육이 돼야 하며, 또한 사회적 존재로서의 협동심, 소통능력, 공감능력을 길러주는 교육이 돼야 한다.

두 번째, 미래교육에서는 첨단기술이 중요해지고 에듀테크 역할이 점점

더 커질 것이다. 교육과 첨단기술이 접목되는 에듀테크 산업은 미래 산업이다. 저명한 미래학자 토마스 프레이는 "2030년경 지구상에서 가장 큰 인터넷기업은 교육 관련 기업이 될 것"이라고 예견한 바 있다. 코로나19 대유행 이후 비대면 생활이 장기화되면서 변화가 더딘 교육 영역에서도 디지털 대전환이 가속화되고 있다. 미래에는 비대면 교육이 점점 대면 교육을 대체할 것이다. 자녀교육에 관심을 가진 학부모들은 에듀테크 발전에 더 많은 관심을 가져야 한다. 종이 학습지에서 디지털 학습콘텐츠, 모바일 학습콘텐츠로 진화하고 AI 학습으로 발전하고 있는 교육변화 트렌드에 민감해져야 한다. 그러자면 교육에 대한 관심만큼이나 기술변화에 관심을 가져야 하며, 디지털·인공지능 소양도 어느 정도 갖추어야 할 것이다. 좋은 부모가 되는 건 결코 쉬운 일이 아니다.

세 번째, 미래에는 학교에서만 교육이 이루어지지 않고 비형식교육과 평생학습 비중이 점점 커진다는 점에 유의해야 한다. 아프리카 속담에 "한 아이를 키우는 데 온 마을이 필요하다"는 말이 있다. 학교뿐만 아니라 마을공동체, 이웃, 기업도 아이를 기르고 교육하는 데 참여하고 책임을 나눠 가져야 한다는 의미다. 우리나라 교육부도 '모든 아이는 우리 모두의 아이'라는 슬로건을 내걸고 '교육기부(Donation for education)'라는 프로그램을 운영하고 있다. 교육기부란 기업, 대학, 공공기관, 개인 등 사회의 각 주체가 보유한 인적·물적 자원을 '유·초·중등 교육활동'에 활용할 수 있도록 비영리로 제공하는 것을 말한다. 현재 한국과학창의재단이 교육부로부터 위탁을 받아 운영 실무를 맡고 있고, 교육기부 박람회, 교육기부 인증제, 대한민국 교육기부 대상 등 세부 사업과 함께 다양한 교육기부 프로그램을 운영하고 있다. 공식 홈페이지인 교육기부 사이트(teachforkorea.go.kr)에 들어가면 교육기부에 대한 자세한 정보와 프로그램을 찾아볼 수 있다. 교육기부 프로그램은 일종의 비형식교육이다.

학교교육 이외에도 기업이나 공공기관, 지자체, 박물관 등이 운영하는 다양한 교육 프로그램이 있고, 앞으로 이런 비형식교육은 점점 더 많아질 것이다. 학부모와 학교, 학생들은 이런 비형식교육에 대한 정보도 잘 알아야 한다. 정보사회에서는 정보력도 실력이고 경쟁력이다.

교육 분야도 마찬가지다. 김열규 교수는 저서 《공부: 김열규 교수의 지식 탐닉기》에서 오늘날 공부는 정보와 맞물려 있으며 학교뿐 아니라 가정, 직장, 사회에서도 정보가 중요하다고 강조하며, 현대의 인류는 호모 인포메이션(Homo Information), 즉 정보인이라고 말한다.[20] 미래는 학교를 졸업한 이후에도 일생 동안 공부가 필요한 평생학습 시대가 될 것이다. 빠른 사회변화에 적응하면서도 경쟁력을 갖기 위해서는 교육과 재교육, 평생학습이 필요불가결하다.

마지막으로 이 모든 변화에도 불구하고 교육의 본질은 변하지 않을 것이다. 사회가 변화하고 학교가 변화하고 모든 것이 변화할 것이다. 하지만 10년 후, 30년 후에도 교육은 사라지지 않을 것이다. 인간사회가 존재하는

한, 교육은 계속될 것이다. 교육방식과 내용, 장소는 지금과 다를 수 있겠지만 교육의 존재 목적, 즉 교육의 본질은 결코 변화하지 않을 것이다.

변화의 시대, 꼭 알아야 할 교육정보·트렌드 검색법

지식정보사회에서는 정보에 앞서면 남보다 먼저 변화를 준비하고 미래변화에 대응할 수 있다. 부모도 사회변화 트렌드와 교육 패러다임 변화를 알아야 하고 그러자면 교육 관련 정보에 민감해져야 한다. 당장 교육정책 정보나 미래교육 트렌드 등을 어디서 어떻게 찾아보고 공부해야 할까 걱정이 앞설 것이다. 하지만 요령 있게 검색하고 조금만 노력하면 좋은 정보를 찾을 수 있다.

가령 교육부정책과 교육트렌드 관련 정보는 교육부가 제공하는 정보들을 충분히 활용하기를 권유한다. 교육부는 네이버 포스트를 운영하고 있는데 거기에는 알찬 교육트렌드 정보들이 제법 많다. 필자가 2020년 한국과학창의재단 단장으로 재직하던 시절, 교육부 포스트의 〈엄마아빠를 위한 교육칼럼〉 시리즈에서 '4차 산업혁명 시대, 미래교육 칼럼'을 연재했었는데 가장 높은 조회수를 기록했었다. 이 책을 집필하게 된 계기도 그 칼럼이었다.

또한 교육부의 공식매체인 월간 〈행복한 교육〉도 충실한 기획과 풍부한 교육정책 소개 기사를 다루고 있어 학부모들에게 많은 도움이 될 것이다. 홈페이지(happyedu.moe.go.kr)에서 매월 발간되는 잡지를 볼 수 있고 PDF파일로 다운로드받을 수도 있다.

SW교육에 대한 정보는 과학기술정보통신부와 한국과학창의재단이 운영하는 'SW중심사회 포털(software.kr)'을 참고하면 좋다. SW·AI교육 동향, 정책 소개, 교육 영상, 카드뉴스 등의 코너로 구성되어 있고 뉴스레터 구독 신청을 하면 정기적으로 푸시 메일을 받아볼 수 있다.

서울시에 사는 학부모라면 서울시 교육청에서 매일 아침 주요 교육뉴스와 서울시 교육청의 정책을 정리해 카카오톡으로 제공하는 서울시 교육청 교육뉴스(pf.kakao.com/_xigfhb)를 신청하기를 권장한다. 서울시 교육청 대변인실 공보팀이 교육정책 동향 관련 일간지의 주요 기사, 교육현안과 분석정보 등을 요약해서 제공하고 있어 꾸준히 보다 보면 교육정책에 대한 흐름을 파악할 수 있을 것이다.

능력

이 장에서는 미래인재에 대해 집중적으로 살펴볼 것이다. 먼저 어떤 사람이 인재이고 인재는 어떤 역량을 갖추어야 하는가에 대해 알아본다. 특히 과거의 인재와 현재의 인재, 미래인재의 모습은 다르고 미래에 필요한 역량은 지금과는 크게 달라질 것임에 유의해서 우리 아이들이 앞으로 살아갈 세상에서 정말 필요한 역량이 무엇인지, 지금 우리 아이에게 부족한 역량, 더 갖추어야 할 역량이 무엇인지 생각하면서 읽어주기 바란다.

뉴노멀 대비!
글로벌인재
체크리스트

📌 이제는 세계적인 인재강국

〈한국을 빛낸 100명의 위인들〉은 우리나라 사람이라면 누구나 들어봤을 노래다. 단군에서부터 광개토대왕, 김유신, 최영, 장영실, 이퇴계, 이순신, 박문수, 안중근, 이상, 이중섭에 이르기까지 우리 역사 속의 위인들 100명을 담은 노래다. 5,000년 역사를 이어온 우리 민족을 이끌며 나라를 빛낸 인재는 이들 외에도 셀 수 없을 만큼 많을 것이다. 일제강점으로 35년 동안 나라를 빼앗긴 적도 있지만, 해방과 전쟁 이후 다시 나라를 일으켜 세우고 세계인들이 부러워하는 '한강의 기적'을 이루었다. 이 기적을 가능하게 했던 힘은 두 가지다. 하나는 과학기술이고, 또 하나는 교육이다. 과학연구나 신기술개발을 통해 중화학공업을 발전시키고 반도체를 개발해 국민경제 발전에 크게 기여했으며, 또한 우리 국민의 남다른 교육열은 우수인재 양성을 가능케 했다. 과학기술도 결국은 뛰어난 인재에 의한 것임에 비춰본다면, 이 모든 기적은 인재로부터 비롯된 것이다. 산업의 역군도 인재고 과학자나 연구자도 인재다. 천연자원, 석유 등 자원이 부족한 우리나라가 가진 최고의 자산은 사람이며, 앞으로도 마찬가지일 것이다. 갑자기 산유국이 되거나 금광, 다이아몬드광이 무수히 개발되기는 어렵다. 우리나라가 확실하게 경쟁력을 가질 수 있는 방법은 인재양성밖에 없다.

지난 역사를 돌아볼 때 우리 민족은 무수히 많은 인재를 배출했으며, 훌륭한 인재들은 지금의 자랑스러운 대한민국을 만들어왔다. 사회적으로나 국가적으로나 인재는 다다익선이다. 아무리 많아도 언제나 더 많이 필요한 것이 인재다. 오늘날 우리나라의 국제적 위상을 객관적으로 평가해본다면, 중진국 단계는 이미 지났고 선진국 반열에 당당히 진입하고 있는 단계라고 할 수 있다. 대표적인 경제지표인 국내총생산(GDP) 순위로 보면 2021년 기준 세계 10위다.[21] 미국이 22.9조 달러로 1위, 중국이 16.9조 달러로 2위, 일본은 5.1조 달러로 3위, 독일은 4.2조 달러로 4위다. 대한민국은 1.8조 달러로 10위다. 한국전쟁으로 전 국토가 폐허가 된 한국은 1950년대까지만 해도 선진국의 원조에 의존하던 세계최빈국 중 하나였다. 그러던 국가가 세계 200여 개 국가 중 당당히 10위권으로 진입한 것은 정말 기적이라고 하지 않을 수 없다. 믿기지 않을지 모르겠지만 사실 1960년대 한국의 1인당 국민총생산(GNP)은 아프리카의 최빈국 가나와 비슷한 수준이었고, 1970년대까지도 경제규모로는 남한이 북한에게도 크게 뒤졌었다. 그런데 지금은 가나나 북한과는 경제수준 비교가 무색할 정도로 앞서가고 있다. 한국의 위상을 보면 그야말로 격세지감을 느끼게 된다. 이런 기적을 가능하게 한 힘이 인재였음은 누구도 부인할 수 없을 것이다. 앞으로도 인재의 중요성은 결코 줄지 않을 것이다. 앞서 우리는 4차 산업혁명과 교육에 대해 살펴보았는데 이 모든 것의 궁극적 지향점은 바로 인재다.

역사적으로 우리는 우수인재를 많이 배출했다. 이 인재들은 우리의 과학기술을 빠르게 발전시켜왔고 내로라하는 세계적인 기업을 이끌어왔으며 문화예술·스포츠 강국을 만들었다. 최근 뜨겁게 달아오르는 한류열풍 등을 보면 우리는 충분히 자부심을 가질만하다. 가령 한류콘텐츠와 K-Pop을 생각해보자. 예전에는 글로벌무대에서 한국의 문화예술은 거의 존재감이 없었다. 하지만 이제는 세계를 리드하는 문화트렌드로 두각을 나타내기 시작했다. 한국 대중예술 발전의 절정은 봉준호 감독의 영화 〈기생충〉과 아이돌그룹 방탄소년단(BTS) 열풍이다. 2019년 봉준호 감독은 〈기생충〉으로 제72회 프랑스 칸 국제영화제에서 우리나라 영화 최초로 최고상인 황금종려상을 수상했다. 황금종려상 수상은 글로벌 영화계 메인스트림에서 예술성과 작품성을 인정받았음을 의미한다. 2020년 1월에는 할리우드 외신기자협회가 주관하는 제77회 골든글로브 시상식에서 최우수 외국어영화상을 수상했고, 여기에서 멈추지 않고 2020년

2월 미국 아카데미 시상식 오스카에서는 작품상·감독상·각본상·국제장편영화상 수상 등 4관왕의 위업을 달성했다. 한편 한류의 상징 K-Pop 흥행을 주도한 것은 BTS였다. 코로나19 대유행 속에서 2020년 8월 발매한 BTS의 〈다이너마이트(Dynamite)〉는 빌보드메인 싱글차트 'Hot 100' 정상에 올랐다. 이어 발매한 노래 〈라이프 고스 온(Life Goes On)〉 역시 같은 차트에서 1위를 차지했다. 빌보드차트 62년 역사상 한국어가사 중심의 노래가 1위를 한 것은 최초였다. 2020년 미국 〈타임〉지는 BTS를 '올해의 연예인'으로 선정했다. 봉준호 감독과 BTS는 현대의 한국을 대표하는 창의인재의 상징이라고 할만하다.

☞ 부족한 2%는 태도에 있다

바야흐로 한국 인재들이 세계만방에 그 우수성과 실력으로 두각을 나타내고 있지만 그래도 부족한 부분이 있다. 선진국과 비교해볼 때 우리나라 인재양성은 교육과 문화 부분에서 뭔가 2% 부족하다. 이것은 개인의 문제라기보다는 사회문화적인 문제다. 예컨대 우리나라는 과학기술 연구개발에 투자를 많이 하는 나라다. 국내총생산 대비 연구개발 투자예산 비중으로 볼 때 우리나라는 4%가 넘는데, 매년 이스라엘과 1, 2위를 다툰다. 한강의 기적을 이루는 데는 과학기술 연구개발이 크게 기여했지만 아직도 노벨과학상을 수상하지는 못하고 있다. 또한 한국 학생들은 국제수학올림피아드 대회에서 늘 최상위권이지만 수학의 노벨상이라 불리는 필즈상 수상자를 배출하지는 못했다. 디지털 대전환시대에 네이버, 카카오 등 스타트업으로 시작한 빅테크기업(Big tech, 대형 정보기술 기업)들은 유수한 대기업을 능가하기 시작했다. 2022년 2월 말 기준 우리나라 주식시장 시가총액 규모에서 네이버는 삼성전자, LG에너지솔루션, SK하이닉스에 이어 4위, 카카오는 삼성바이오로직스에 이어 6위에 랭크되었다. 하지만 아직도 한국에는 스타트업에 도전하는 청년들이 많지 않으며 창업문화도 활발하지 않다. 여전히 '공시'라고 불리는 공무원시험에 청년들이 몰리고 있고 대기업취업 등 직업의 안정성을 우선으로 생각하는 분위기가 강하다. 물론 공무원시험 준비나 대기업 취직이 나쁘다는 것이 아니다. 우수인재들이 안정적인 직장이나 진로를 선호하는 경향이 너무 강하다는 것이다. 이런 현실이 한국식 인재양성의 부족한 2%를 간접적으로 보여주고 있다.

첫째, 한국의 인재들은 **과감한 도전이나 기업가정신**이 부족하다. 우리나라의 문화는 전반적으로 무모한 도전이나 과감한 실험을 꺼리거나 장려하지 않으며, 따라서 실패를 용인하는 문화가 매우 취약하다. 그러다 보니 안전하고 확실한 길을 선호하는 경향이 강할 수밖에 없다. 불확실성이 점점 커지는 변화의 시기에는 오히려 혁신적 도전이나 스타트업이 중요한데, 정부가 정책적으로 아무리 장려

해도 막상 부모들은 내 자식의 창업을 원하지 않는다. 사회적으로 도전이나 창업은 좋지만 내 자식은 안 그랬으면 좋겠다는 이중적인 태도가 강하다. 이런 전반적인 사회풍토 때문에 도전과 실패를 두려워하지 않고 기업가정신이 충만한 인재를 길러내기가 쉽지 않다.

둘째, **협업과 공감, 공동체의식**이 떨어지는 편이다. 한국의 인재들은 지성적으로는 우수하지만 대부분 개인플레이에 뛰어난 경우가 많다. 지식을 공유하고 함께 프로젝트를 하면서 협동심을 발휘하는 데는 여전히 익숙하지 않다. 그런 경험이 많지 않고 사회문화적으로도 개인주의가 강하기 때문이다. 아는 것이 힘이라고는 하지만, 함께 알고 나누기보다 혼자만 알고 남보다 앞서기를 원한다. 하지만 사회와 교육의 변화는 점점 협업, 집단지성을 향하고 있다. 세상이 점점 복잡해지면 한두 명의 천재가 복잡하고 어려운 문제를 해결할 수 없다. 어려운 문제일수록 더 많은 사람의 지혜와 전문가 협업이 필요하고 협동심과 공감능력, 공동체의식이 요구된다. 한국의 인재들은 이런 부분이 절대적으로 취약하다. 배고픈 것은 참아도 배 아픈 것은 못 참는다. 이런 고질적 문화가 아이들에게도 어느 정도 습관화되어 있다.

셋째, **다양성의 문화나 톨레랑스**를 체화하고 있지 못하다. 프랑스어 '톨레랑스(Tolérance)'는 우리말로 정확히 번역할 수는 없지만 '나와 다른 생각을 받아들이고 서로 다른 차이에도 불구하고 공존하려는 열린 생각'을 뜻한다. '다르다'와 '틀리다'는 완전히 다른데, 우리 사회에서는 나와 다른 것은 모두 틀린 것이라 믿는 삐뚤어진 생각이 만연하다. 주지하다시피 편가르기와 차이를 받아들이지 못하는 편협한 문화는 우리 사회의 고질적 병폐 중 하나다. 역사적으로 우리 조상들은 사색당파라는 이름으로 편을 가르고 상대진영을 헐뜯으며 싸워왔고, 지금도 지역주의, 흑백 이데올로기, 상대방 흠집내기 등이 횡행하고 있다. 국회의원 총선거, 대통령선거 등 선거 때만 되면 이런 고질적 병폐가 극단적으로 표출된다. 나와 다른 생각이나 의견에도 진지하게 경청하고 차이를 존중하고 공존하려는 태도가 인재에게 필요하다. 국제무대에 나가면 그런 태도 없이는 절대 성공할 수 없다. 그러나 여전히 한국인들은 우물 안 개구리 수준을 크게 못 벗어나고 있다. 우리 아이들이 경쟁해야 하는 대상은 드넓은 세상, 글로벌무대의 해외인재들이지 국내의 또래뿐만이 아니라는 생각을 어릴 때부터 갖게 해주어야 한다. 다양성과 톨레랑스가 없는 사회에서는 창의성이 발현되기도 어렵다. 창의성이란 여러 가지의 다른 생각, 환경, 문화가 만나는 교차점에서 더 많이 발휘되기 때문이다.

넷째, **호기심과 질문하는 태도**가 매우 중요한데 우리 사회에서는 이런 태도를 유지하기가 결코 쉽지 않다. 우리 사회는 호기심을 존중하지 않으며, 우리 교육도 호기심을 키워주거나 질문을 장려하는 교육이 아니었기 때문이다. 세상에 없는 것이 세 가지가 있다고 한다. 비밀이 없고 공짜가 없고 정답이 없다. 그런데도 학교교육에서는 정답을 가르치는 교육을 해왔다. 질문보다는 정답이 중요하고, 호기심이나 허무맹랑한 상상보다는 수업시간에 집중하고 교사의 통제에 잘 따르는 것이 훨씬 중요했던 것이다. 교육과 학습의 최우선목적이 좋은 대학에 진학하고 안정적인 직장에 취직하는 것이다 보니 호기심을 갖고 질문을 많이 하는 것은 오히려 경시되었다. 해외에 나가서 선진국의 학생들을 직접 접해보면 이런 차이를 확연하게 느낄 수 있다. 프랑스나 이탈리아 학생들은 확실히 호기심도 많고 궁금하면 눈치 보지 않고 언제라도 질문하며 자기 생각을 숨기지 않고 여과 없이 표현한다. 이런 태도는 학습효과에도 지대한 영향을 미친다. 코로나19로 해외로 나가는 것이 어려워졌지만 언젠가는 다시 글로벌세상이 열릴 것이다. 우리 아이들이 해외선진국의 문화를 접하고 다른 세상의 아이들과 만나는 경험을 하는 것이 무엇보다 중요하다. 해외캠프도 좋고, 해외 단기체류도 좋으며 부모와 함께 며칠 동안 해외여행을 하는 것도 좋다. 어릴 때의 이런 경험이야말로 아이들의 견문을 넓혀주고 생각의 틀을 깨주는 산 공부다.

우리 아이는 해외연수나 캠프를 간 적은 없지만 매년 반드시 함께 해외여행을 가서 현지의 문화, 역사, 먹거리를 경험했던 것이 정말 좋은 공부가 되었다. 가급적이면 틀에 박힌 관광코스를 도는 패키지여행보다는 미리 여행할 나라를 정해 가족이 함께 공부하면서 볼거리, 먹을거리 등에 대한 계획을 세우는 자유여행을 떠나는 것이 좋다. 또한 현지에서는 한국 식당을 찾지 말고 그 나라의 음식,

박물관, 문화유산 등을 두루 섭렵하는 것이 좋다. 이런 가족 해외 여행을 통해 아이에게 로마에서는 로마법을 따라야 하고 세계는 넓고 할 일은 많다는 것을 스스로 깨닫게 해주어야 한다. 여행도 가족 프로젝트라고 생각하고 되도록 아이가 계획을 짜는 데 많은 역할을 적극적으로 하도록 부모가 도와주는 것이 좋다.

도전정신, 기업가정신, 협업 및 공감능력, 톨레랑스, 호기심, 글로벌 시민의식 등의 자세와 태도는 인재가 가져야 할 미덕에 반드시 포함해야 하는 요소들이다. 한국 인재들에게 2% 부족했던 이런 부분을 보완한다면 미래의 한국은 정말 인재강국이 될 수 있을 것이다.

스마트시대가 원하는 인재는 따로 있다

2

🖱 옛날 재능 vs. 요즘 재능

우리는 일상적으로 인재라는 말을 많이 사용한다. 그런데 인재라는 용어는 도대체 어떤 의미일까. 사전을 찾아보면 인재의 의미는 크게 두 가지다. 첫 번째는 '재주가 아주 뛰어난 사람', 두 번째는 '어떤 일을 할 수 있는 학식이나 능력을 갖춘 사람'이다. 그런데 첫 번째와 두 번째는 한자어가 각각 다르다. 재주가 아주 뛰어난 사람은 '인재(人才)'고, 어떤 일을 할 수 있는 학식이나 능력을 갖춘 사람은 '인재(人材)'다. 첫 번째의 인재는 날 때부터 재능을 타고난 사람이다. 우리가 영재, 수재, 천재 등으로 부르는 사람들이다. '재주 재(才)'를 사용한다. 하지만 두 번째의 인재는 그렇지 않다. 교육과 학습을 통해 지식과 기술을 배워 필요한 능력을 갖춘 사람을 뜻하고 '재목

재(材)'를 사용한다. 건축에 사용하는 재목처럼 길러낸 인재를 말한다. 보통의 아이들이 아니라 영특한 아이들을 교육하는 영재교육(英才敎育)에서는 타고난 재능이 중요하므로 '재주 재'를 사용한다. 하지만 인재육성, 인재교육이라고 할 때의 인재는 가르쳐서 길러내는 인재이므로 '재목 재'를 사용한다. 이 차이는 매우 중요하다. 타고난 재능을 찾아내 최대한으로 키워주는 것도 물론 중요하지만 교육의 본질적 의의는 잘 가르치고 배워서 각자의 잠재력을 끌어내고 사회의 동량으로 육성하는 데에 있다. 따라서 이 책에서 이야기하는 인재는 교육을 통해 길러지는 두 번째 의미의 인재(人材)다.

어떤 조직, 사회든지 인재를 필요로 하지만 중요한 것은 어떤 인재냐 하는 것이다. 보는 관점에 따라 기준이 다를 수 있고 인재마다 가지고 있는 지식, 기술, 역량, 가치관이 다르기 때문이다. 인재는 자신의 전문 분야나 뛰어난 역량을 갖고 있지만, 모든 분야에서 다 잘할 수 있는 사람은 아니다. 수학은 잘하지만 국어를 못하는 사람이 있고 예능감각은 뛰어나지만 수리능력은 낮을 수도 있다. 어떤 인재가 필요한가를 명확히 기술한 것을 우리는 '인재상(人材像)'이라고 한다. 글로벌기업이나 대기업의 홈페이지에 보면, 그 기업이 필요로 하는 인재상과 기업가치들이 나와 있다. 예를 들어 SK그룹이 바라는 인재상은 '경영철학에 대한 확신을 바탕으로 일과 싸워서 이기는 패기를 실천하는 인재'다.[22] 경영철학과 관련해서는 VWBE, SUPEX 등의 키워드를 제시하고 있다. VWBE는 자발적이고(Voluntarily) 의욕적으로(Willingly) 두뇌를 활용(Brain Engagement)한다는 뜻이고, SUPEX는 인간의 능력으로 도달할 수 있는 최고의 수준, 즉 Super Excellent를 뜻한다. 따라서 이 회사가 요구하는 인재는 자발적이고 의욕적이며 스마트하게 두뇌를 활용해 최고의 수월성을 발휘할 수 있는, 패기 있는 인재다. 만약 이 회사에 취업하기를 원한다면 자신이 이런 인재상에 맞는가를 한번 돌아봐야 할 것이다.

인재상은 회사나 조직의 성격에 따라 다르다. 정부에서 일하는 공무원, 공공기관에서 일하는 공직자, 글로벌기업이나 대기업에서 일하는 회사원, 중소기업이나 개인사업체 직원은 각각 하는 일이 다르고 따라서 필요역량도 다르다. 즉 정부, 공공기관, 대기업, 중소기업, 개인사업체의 인재상은 각각 다를 수밖에 없다. 물론 여러 인재상의 공통분모도 있겠지만 조직, 단체의 특수성에 따라 인재상은 달라질 수 있다. 공무원의 경우는 공정성, 책임감, 사명감, 소명의식 등이 중요할 것이고, 글로벌기업의 경우는 글로벌소양, 세계 시민의식, 오픈마인드, 외국어능력 등이 중요할 것이며, 민간기업체의 경우는 사업수완, 사교성, 소통능력, 비즈니스 마인드 등이 중요할 것이다.

누가 대우받으며 일하게 될까?

한편 인재상은 시대나 사회적 환경에 따라서 달라지기도 한다. 즉, 인재상은 고정불변하는 것이 아니라 계속 변화한다는 것이다. 새로운 지식기술은 기존의 지식기술을 대체하므로 인재가 갖춰야 할 지식기술도 변화할 것이고 인재가 갖추어야 할 태도나 가치관도 시대변화를 반영한다. 조선시대 선비의 인재상과 산업혁명 시기의 인재상, 정보화혁명 시대의 인재상은 각각 다르다. 지금의 인재상과 10년 후, 30년 후의 인재상도 다를 것이다.

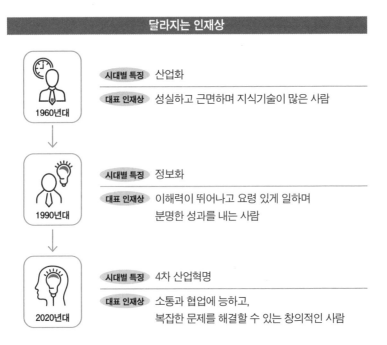

달라지는 인재상

1960년대	시대별 특징	산업화
	대표 인재상	성실하고 근면하며 지식기술이 많은 사람
1990년대	시대별 특징	정보화
	대표 인재상	이해력이 뛰어나고 요령 있게 일하며 분명한 성과를 내는 사람
2020년대	시대별 특징	4차 산업혁명
	대표 인재상	소통과 협업에 능하고, 복잡한 문제를 해결할 수 있는 창의적인 사람

우리나라가 본격적인 경제개발과 산업화를 시작한 것은 1960년 대다. 산업화 시기의 인재상은 성실하고 근면하며 지식기술이 많은 인재였다. 남들보다 더 열심히 공부하고, 남보다 일찍 출근해 솔선수범하고 늦게까지 야근을 마다하지 않는 사람이 훌륭한 인재였다. 근면, 성실, 검소 등이 산업화시대 인재가 갖추어야 할 미덕이었다. 하지만 1990년대 정보화시대에 접어들면서 우리나라는 경제적인 풍요를 누리기 시작했고 선진국 문턱에 진입하게 되었다. 성실하고 근면하기만 해서는 인재로 인정받을 수 없는 사회가 되었고, 일을 열심히 하는 것보다는 잘하는 것이 필요해졌다. 이해력이 뛰어나고 똑똑한 인재를 필요로 하는 시대가 되었다. 성실하고 오래 일하는 사람보다는 요령 있게 일하고 분명한 성과를 내는 사람이 대우받기 시작했다.

지금은 4차 산업혁명 시대다. 21세기 스마트시대의 인재상은 산업화시대 인재상과는 또 달라져야 한다. 스마트시대, 스마트사회에는 스마트한 인재가 필요하다. 사회가 복잡해지고 우리 앞에 놓인 문제는 점점 어려워지므로 이제는 복잡한 문제를 해결할 수 있는 창의적인 인재, 소통능력이 뛰어나고 협업할 줄 아는 인재가 필요하다. 새로운 지식과 기술을 끊임없이 배우고 익혀 새로운 방식으로 어려운 문제를 해결할 수 있어야 하고, 다양한 관심을 갖고 변화를 예측하는 통찰력도 가져야 한다. 사회가 복잡해지는 만큼 필요역량도 더 많아지므로 훌륭한 인재로 성장하기가 점점 어려워진다. 게다가 웬만한 업무는 컴퓨터,

기계, 인공지능이 처리할 수 있으므로 인공지능 기계와 함께 일하면서 성과를 낼 수 있어야 한다. 부모는 이렇게 변화하는 사회가 요구하는 인재상을 제대로 알아야 아이를 좋은 인재로 키울 수 있다.

특히 코로나19 위기로 이전보다 재택업무 비중이 늘어났고 기업들도 유사시에는 재택으로 전환근무할 수 있는 업무시스템을 갖추기 시작했다. 코로나19가 종식되더라도 재택업무를 하던 관성은 어느 정도 유지될 것이고, 온라인으로 처리할 수 있는 일이라면 굳이 직장에 나와서 근무하는 방식을 고집하지는 않을 것이다. 미국에서는 오피스공간이 없는 스타트업 기업들도 많이 생겨나고 있는 추세다. 스마트워크, 전자업무 등의 비중은 점점 늘어날 것이다. 따라서 미래기업이 요구하는 인재의 역량에는 디지털역량이 반드시 포함될 것이다. 기업들은 똑같은 일이라도 디지털도구를 효율적으로 사용해 업무를 빠르고 정확하게 할 수 있는 역량을 갖춘 인재를 선호할 수밖에 없다.

학생들의 공부도 직장인들의 업무와 마찬가지다. 컴퓨터와 스마트 디바이스를 활용하는 학습이 늘어나고 공부하는 데도 디지털역량이 중요해질 것이므로 우리 아이들이 디지털학습에 익숙해지고 그것이 습관이 되도록 지도하는 것이 좋다. 매일 인터넷강의 등을 통해 자기주도 학습을 하고 유용한 학습자료들을 컴퓨터 하드디스크에 체계적으로 관리하게 함으로써 데이터관리 역량을 키우는 등 디지털 기반의 학습습관을 갖게 해주는 것이 필요하다. 그러자면 부모님들도 디지털역량과 변화대응력을 키우기 위해 공부해야 한다. 아이들이 디지털에 익숙해지도록 하려면 부모들도 디지털에 익숙해져야 하고 아이들에게 공부하라고 하기 전에 늘 책을 읽고 공부하는 모습을 보여주어야 한다. 찾아보면 부모님들이 디지털교육을 받을 수 있는 교육 프로그램도 많다. 가령 한국지능정보사회진흥원 주관으로 서울, 경기 등 지역별로 운영하는 디지털배움터는 무료로 인공지능과 소프트웨어 등 디지털역량 교육과정을 제공하고 있다.*

---

* 디지털배움터는 지역별로 운영되고 있는데 경기디지털배움터(경기디지털배움터.kr)의 경우 앱스토어 이용과 설치, 유튜브 활용, 뱅킹서비스, 스마트폰 건강관리, 스크래치 이해, 스크래치 프로젝트 등 기초부터 심화까지 수준별 디지털역량 교육 프로그램을 운영하고 있다.

인공지능을 이기려는 생각부터가 잘못!

🏴 아프지도 않고, 불평도 없는 AI직원들

2021년 3월 tvN에서 방송되었던 단막극 〈드라마 스테이지 2021〉 시리즈 중 '박성실 씨의 사차 산업혁명' 편이 있었다. 인공지능과 함께 살아가야 하는 미래의 모습을 미리 상상해볼 수 있는 내용이었다. 직장인이라면 '정말 그럴 수도 있겠구나'라고 공감하며 볼 수 있고, 부모 입장에서는 우리 아이들이 살아갈 미래의 직업세계에 대해 진지하게 생각해볼 수 있는 드라마였다.

주인공 박성실 씨는 퓨처라이프라는 보험회사에서 일하는 전화상담사다. 이름처럼 10년 동안 지각이나 결근 한 번 없이 성실하게 회사를 다닌, 자타공인 모범직원이다. 하지만 보험회사는 경비절감을 목적으로 AI팀을 만들고 인공지능 상담시스템을 전격 도입한다.

AI상담사는 월급을 줄 필요도 없고 복지도 요구하지 않으며 아프지도 않고 불평도 하지 않는다. 정해진 매뉴얼과 알고리즘에 따라 한 치의 오차도 없이 척척 상담업무를 수행한다. 회사는 상담직원의 90%를 전격 해고한다. 성실한 직원 박성실 씨는 용케 해고는 피했지만 언제 잘릴지 모르는 불안 속에서 하루하루 회사를 다닌다. 미래가 불안한 박성실 씨는 AI팀 직원을 찾아가 자신의 처지를 호소하며 조언을 구하는데, 그 직원은 "성실하게 일하세요"라고 영혼 없이 답변한다. 그러자 박성실 씨는 "나는 지난 10년 동안 무지각, 무결근하며 정말 성실하게 일했다"라고 말하고, 이에 그 직원은 비로소 의미 있는 조언을 한마디 툭 던진다. "그러면 성실하게 말고 새로운 거, 없던 거를 하세요"라고 말이다. 하지만 우여곡절 끝에 살아남았던 인간상담사들마저 모두 해고되고 만다. 상담이라는 업무가 인공지능으로 대체되고 자동화된다면 인간상담사가 AI상담봇을 이길 수는 없을 것이다.

미래사회의 가장 큰 변화는 기계화와 자동화일 것이다. 기계 중에서 첨단 테크놀로지가 적용된 것이 로봇이고, 여기에 인공지능이 결합된 AI로봇은 인간이 만들어낸 최고의 기술이다. 로봇과 인공지능은 엄청난 위력과 파급력을 갖는 만큼 한편으로는 인간의 일과 삶을 위협하는 잠재요인이 될 수 있다.

지구상에 현생인류 호모 사피엔스가 나타난 것은 약 20만 년 전이다. 그 오랜 역사에서 인류문명이 비약적으로 발전하게 된 계기는 도구의 사용이었다. 특히 기계의 발명과 사용은 매우 중요하다. 인간은 아주 오랜 옛날부터 자동으로 움직이는 기계를 꿈꿔왔고, 힘들고 위험한 일을 도와줄 수 있는 기계에 대한 욕망을 갖고 있었다. 이런 인간의 욕망은 도구나 기계로 실현됐다. 기술발전과 함께 기계는 점점 정교해졌고 급기야 인간은 인간노동을 대신하는 기계를 만들기 시작한다. 인간의 근원적 욕망이 투영된 산물이 바로 로봇이다.

로봇의 사전적 정의는 '어떤 작업이나 조작을 자동적으로 행하는 기계장치'다. 원래 로봇이라는 용어는 체코어로 '힘든 노동(Robota)'이란 뜻이다. 역사적으로 보면 1920년 체코의 작가 카렐 차페크(Karel Capek)의 희곡 《로숨의 유니버설 로봇(Rossum's Universal Robots)》에 로봇이라는 용어가 처음 사용되었다. 이 작품은 로봇이라는 단어의 효시라고 할 수 있다. 극 중에는 과학자 로숨이 만든 로봇이 사람의 노동을 대신하는 기계로 나오는데, 결국은 인간에게 반항하며 반란을 일으킨다. 이 희곡은 1921년 프라하의 한 극장에서 무대에 올려졌다. 그로부터 어언 100년이 지났다. 그동안 세탁기, 자동차 등 편리한 기계들이 무수히 많이 만들어졌다. 기계들 중 자동으로 움직이는 기계가 로봇인데, 이들 로봇은 점점 인간을 닮아가고 있다. 인간의 모습을 띤 로봇을 '안드로이드(Android) 로봇'이라고 부른다. 스마트폰 운영체계에도 안드로이드가 있지만, 로봇에 사용되는 안드로이드는 그리스어가 어원으로 '모습과 행동이 인간을 닮았다'는 의미다. 오늘날 산업로봇, 의료로봇, 재난로봇 등 다양한 로봇들이 만들어져 사용되고 있는데, 이들 로봇은 어느새 인간의 일을 하나둘씩 대체하고 있다. 로봇기술에 인공지능이 결합하면서 인류는 또 한 번 거대한 역사의 변곡점을 맞는다. 사람처럼 말하고 생각하는 인공지능은 인간두뇌를 모방한 일종의 디지털 알고리즘이다. 연산, 데이터분석 및 처리는 물론이고 인지기능과 자율적 판단까지 대신할 수 있다.

🖱 지금까지는 없던 무한경쟁에 내몰리는 아이들

2016년 알파고와 이세돌의 대국은 역사적 사건이었고 우리에게 큰 충격을 안겨주었다. '알파고쇼크'에서 확인했듯이 인공지능은 엄청난 학습능력과 인지능력을 갖고 있다. 알파고를 개발한 구글 자회사 딥마인드의 설명에 의하면, 바둑 인공지능 알파고를 개발하면서 바둑기사들의 대국기보 3,000만 건을 입력해 머신러닝으로 학습을 시켰다고 한다.[23] 만약 인간 바둑기사가 이 정도 학습을 하려면 1,000년이 걸린다는 계산이 나온다. 인간이 1,000년 동안 학습할 분량이 입력된 인공지능 컴퓨터를 어떻게 인간이 이길 수 있겠는가. 이런 가공할 학습능력 덕분에 인공지능은 빠른 속도로 발전할 수 있었다. 이제 인공지능은 암을 진단하고 작곡도 하고 기사도 작성하고 칼럼도 쓴다. 못하는 것이 거의 없는 단계에 이르렀다. 로봇기술과 인공지능은 인간노동을 대체하고 있다. 이를테면 인간은 로봇에게 육체노동을 아웃소싱해왔고, 이제 인공지능 알고리즘에게 인지노동마저 아웃소싱하려 하고 있다. 인공지능 로봇이 상용화되고 우리 생활에 쑥 들어온다면 한편으로는 우리 삶이 너무나 편리해지겠지만 다른 한편으로는 인간이 설 자리가 점점 좁아질 것이다. 암울할지도 모르는 이런 미래는 피할 수 없는 인간의 숙명이며, 우리 아이들이 필연적으로 맞닥뜨려야 하는 미래 시나리오다.

어느 사회, 어느 시대를 막론하고 인간사회에는 경쟁이 존재한다. 경쟁은 각자에게 동기부여를 하는 윤활유 역할을 하기도 한다. 문제는 갈수록 경쟁이 치열해지고 있고 '무한경쟁'으로 치닫고 있다는 것이다. 경쟁의 양상 또한 달라지고 있다. 가령 부모님 세대는 학교에서 또래 친구들과 경쟁했고 직장에서는 동료들과 경쟁했다. 경쟁에서 이기면 성공하고, 뒤처지면 도태되는 것이 성패의 공식이었다. 그래서 경쟁력을 갖기 위해 열심히 공부하고 일했다. 그렇다면 우리 아이들이 살아갈 미래는 어떨까. 미래에도 여전히 경쟁은 존재할 것이고 아마 더 치열해질 것이다. 그런데 미래에는 지금까지는 없었던 새로운 경쟁이 나타날 것이고 그것은 우리 아이들이 겪게 될 가장 큰 어려움이 될 것이다. 이제까지의 경쟁은 사람과 사람 간의 경쟁이었다. 친구들, 동료, 선후배 등 결국은 인간 간의 경쟁이었다. 하지만 기계와 인공지능이 인간노동을 대체하면서 인간은 인공지능 기계와 경쟁할 수밖에 없다. 자동화의 위협을 맞아 일자리를 지키거나 직장을 구하기 위해서는 기계나 인공지능과 경쟁해야 한다. 사람 간의 경쟁과 인공지능 기계와 인간의 경쟁은 완전히 차원이 다르다. 물론 기계와 인간, 인공지능과 인간의 경쟁을 너무 부각하면 미래가 한없이 암울해지겠지만, 피할 수 없다면 받아들이고 과감하게 맞닥뜨려야 한다. 앞서 드라마의 박성실 씨가 일자리를 놓고 인공지능 상담사와 경쟁해야 했듯이, 미래의 우리 아이들은 또래와도 경쟁하겠지만 첨단기계나 인공지능과도 경쟁해야 한다. 또래와의 경쟁은 누가 더 일을 잘하고 역량이 있느냐의 문제지만 인공지능 기계와의 경쟁은 어떤 일을 인공지능 기계가 하고 어떤 일을 사람이 할 것인가의 문제다. 다시 말해 인공지능 기계가 잘하는 일과 인간이 잘하는 일은 구분될 수 있다는 것이다. 인공지능은 인간의 인지노동 중 계산하고 정보를 검색하고 데이터를 정리 및 분석하고 지식을 학습하고 축적해 더 효율적인 방법을 찾는 일 등을 잘한다. 반면 인간은 데이터와 정보를 바탕으로 종합적으로 판단하거나 경험을 기반으로 직관적으로 해석하는 일 그리고 윤리, 도덕적 가치와 관련되거나 감성적인 업무를 더 잘할 수 있다. 빅데이터 분석이나 고도의 사칙연산 등 인공지능 기계가 훨씬 잘하는 일을 굳이 인간이 해야 할 필요는 없다. 우리 아이들은 인공지능 기계가 할 수 없는 일, 인간이 더 잘하고 인간에게 적합한 일을 찾아내야 한다. 그런 능력이 인공지능 시대의 미래경쟁력이고, 그런 능력을 찾고 계발하는 것이 교육의 역할이다.

우리 아이가 서울대 기계공학과를 선택한 이유

필자의 자녀는 서울대 기계항공공학부에 입학했고 기계공학과를 졸업했다. 물론 부모와 진로에 대해 의견을 나누었지만 그 결정은 온전히 자신의 고민과 판단에 따른 것이었다. 이과였는데 물리학, 화학, 생물학 등 기초과학을 다루는 자연과학보다는 산업적 수요가 높은 공학계열이 나을 거라고 생각했고 당시 공과대학에서 가장 인기 있는 분야는 '전화기'로 약칭되는 학과였다. 즉 전자공학, 화학공학, 기계공학이었는데 컴퓨터 프로그래밍이나 화학 쪽보다는 산업혁명의 주력인 기계 쪽이 진로의 다양성, 실용성이 크다고 판단했던 것 같았다.

아이의 판단에 대해 필자는, 기계공학은 모든 공학학문의 기초라는 이야기를 해주며 자신의 판단에 대해 확신할 수 있도록 조언하는 정도의 역할을 했다. 막상 대학에 들어가서 기계공학이라는 분야가 썩 마음에 들지는 않았는지 아이는 나중에 산업디자인을 부전공으로 공부했다. 또한 입학 후 자신이 관심을 갖고 있던 만화애니메이션 동아리에 가입해 적극적으로 활동했고 대학에 다니는 동안 학과사무실보다는 동아리방에 더 자주 들락거렸다.

학과선택에 정답은 없다. 자신에게 맞는 학과라고 골랐는데 막상 공부해보면 적성에 맞지 않을 수도 있다. 그럴 경우는 완전히 새롭게 다른 것을 찾는 것보다는 보완할 수 있는 부전공이나 자신의 열정을 쏟을 수 있는 동아리활동을 하는 것도 좋다. 우리 아이의 경우 기계공학을 전공했고 디자인을 부전공했고 만화애니메이션 동아리활동을 하면서 만화학원에도 다녔는데 이런 공부나 경험이 서로 무관하다고 생각하지 않는다.

기계는 모든 산업의 기본인데 기계공학도 산업디자인이나 소프트웨어와 긴밀하게 연결된다. 필자의 아들은 결국 부족한 소프트웨어 역량은 졸업 후 삼성청년SW아카데미 과정을 통해 스스로 보완하고 있다. 쓸데없는 배움이란 없다. 배운 것을 잘 활용하고 연계한다면 역량을 발휘하는 데 시너지를 낼 수 있다. 사실 전공 분야를 선택하고 확신을 가지기란 결코 쉽지 않다. 하지만 중요한 것은 자신의 선택에 대해 자신감을 갖고 자신이 원하는 바를 이루기 위해 열정을 갖고 노력하는 것이다. 사회변화 트렌드, 미래교육 변화 등에 비추어 우선 판단해보고 세부적으로 자신이 없다면 진로컨설팅 등 전문가의 도움을 받아보는 것도 나쁘지 않다. 단 전문가의 의견을 무조건적으로 수용하는 것은 결코 바람직하지 않다.

🖱 대체 미래가 원하는 아이는 누구일까?

미래에는 인재가 더 중요해질 것이다. 미래인재가 되기 위해 갖추어야 할 역량이나 스킬 등에 대해서는 전문연구기관이나 인재 전문가들이 다양한 의견을 제시하고 있다. 다보스포럼이 교육과 인재와 관련해 발표한 보고서도 적지 않다. 4차 산업혁명 담론의 진원지 다보스포럼은 21세기를 살아갈 학생들에게 필요한 16개 스킬을 제시했는데, 이것을 4차 산업혁명 시대의 인재상이라고 해석해도 크게 무리는 없을 것이다.[24]

미래인재의 스킬		체크		
		부족함	보통	뛰어남
기초 소양	문해력			
	산술능력			
	과학소양			
	ICT소양			
	금융소양			
	문화적 시민소양			
역량	비판적 사고력 및 문제해결 능력			
	창의력			
	소통능력			
	협업능력			
성격적 특성	호기심			
	진취성			
	지구력			
	적응력			
	리더십			
	사회문화적 의식			

이 16개 스킬은 하나하나가 미래인재에게 필요한 요소다. 각각의 스킬을 체크리스트 삼아서 판별해보면, 우리 아이가 어떤 스킬은 충분하고 어떤 스킬은 부족한지 가늠해볼 수 있을 것이다. 만약이 리스트에 나와 있는 스킬 모두를 갖추고 있다면 완벽한 인재라고 할 수 있을 것이다. 어느 나라, 어느 회사에 가더라도 경쟁력 있는 사람으로 인정받을 수 있을 것이다. 하지만 그런 완벽한 인재는

현실세계에서는 찾아보기 힘들다. 과학소양, 금융소양을 갖추고 창의력, 소통능력에 협업능력까지 뛰어난 사람은 말 그대로 아주 이상적인 인재다. 제시된 스킬 중 더 많은 소양, 역량, 성격적 특성을 갖출수록 미래인재로 성장할 가능성이 높다. 16개 스킬을 바탕으로 자신이 좋아하고 잘할 수 있는 분야에 집중해서 훈련한다면 분명 그 분야의 전문가가 될 수 있다.

이른바 '1만 시간의 법칙'이라는 게 있다. 어느 정도 재능을 갖고 있고 1만 시간 이상을 한 분야에 집중하면 전문가가 될 수 있다는 법칙이다. 중요한 것은 절대적인 1만 시간인데, 이는 전문가가 되기 위해 투자해야 하는 최소한의 시간이다. 1만 시간은 하루 8시간씩 주 5일간 5년, 또는 하루 4시간씩이면 10년이다. 만약 복잡하고 어려운 분야라면 이것보다 훨씬 많은 시간이 필요하다. 이렇게 본다면 한 사람이 일생 동안 시간을 투자해 전문가가 될 수 있는 분야는 보통은 1~2개, 많아야 3개를 넘을 수 없다는 계산이 나온다.

인재 전문가들은 한 분야에만 정통한 인재를 'I자형 인재'라고 하고, 다양한 관심을 갖고 영역을 넘나드는 인재를 'T자형 인재'라고 한다. I자형 인재는 글자 모양대로 한 우물만 깊이 오랫동안 파는 전문가를 말한다. 평생을 한 분야에서 역량을 갈고닦은 사람들로 대가, 달인, 베테랑으로 불린다. 반면 T자형 인재는 I자형 인재처럼 한 분야의 전문가이면서도 다양한 분야에 대한 폭넓은 관심과 이해를 갖고 있는 융합형 전문가다. 전통사회나 산업화 초기단계에는

I자형 인재만으로도 충분했다. 하지만 사회가 복잡해지면서 점점 T자형 인재를 더 필요로 한다. T자형 인재는 다른 말로는 융합형 인재다. 창의교육 전문가들은 T자형 인재를 넘어 M자형 또는 파이(π)자형 인재를 이야기하기도 하는데, 이는 두 분야에 대한 전문성을 가진 융합인재를 말한다.

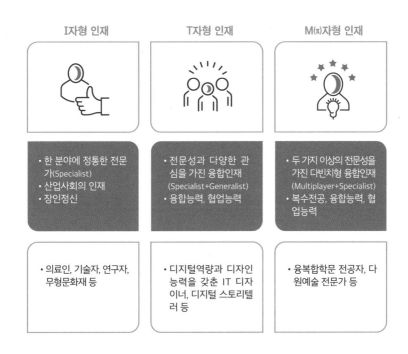

I자형 인재
- 한 분야에 정통한 전문가(Specialist)
- 산업사회의 인재
- 장인정신

- 의료인, 기술자, 연구자, 무형문화재 등

T자형 인재
- 전문성과 다양한 관심을 가진 융합인재 (Specialist+Generalist)
- 융합능력, 협업능력

- 디지털역량과 디자인 능력을 갖춘 IT 디자이너, 디지털 스토리텔러 등

M(π)자형 인재
- 두 가지 이상의 전문성을 가진 다빈치형 융합인재 (Multiplayer+Specialist)
- 복수전공, 융합능력, 협업능력

- 융복합학문 전공자, 다원예술 전문가 등

▶ 하나만 잘한다고 안심하는 시대는 지났다

요즘 중고등학교에서는 'STEAM(스팀)'이라고 불리는 융합교육을 도입해 가르치고 있다. 미국, 유럽 등 선진국에서 1990년대부터 과학

(Science), 기술(Technology), 공학(Engineering), 수학(Mathematics) 등을 중요하게 생각해 과학교육 혁신을 시작한 'STEM(스템)' 교육에, 한국에서는 예술(Arts)을 추가해 융합인재교육을 하고 있다. 미래사회는 지금보다 복잡하고 다양한 사회가 될 것이므로 다양한 관점으로 입체적으로 사고하고, 복합적인 문제도 해결할 수 있는 능력을 갖춘 인재가 필요하다.

융합교육은 국가별로 조금 다른 방식으로 진행되는데 대부분 과학교육 혁신 차원에서 이루어지고 있다. 미국에서는 실사구시적인 공학을 중요시해 공학 분야의 대표적 사고방법인 '디자인 사고력(Design thinking)'을 과학교육에 접목하는 등의 방식으로 가르치고 있다. 한편 프랑스에서는 '라망알라파트(La main à la pâte)'라는 독특한 과학교육을 시행하고 있다.[25] '라 망(La main)'은 '손'을 뜻하고, '라 파트(La pâte)'는 '반죽'을 뜻하므로 '라망알라파트'는 손으로 반죽하듯이 직접 해보는 체험이라는 의미다. 프랑스의 라망알라파트 프로그램은 과학의 생활화를 지향하고 있으며 지식전달보다는 체험학습을 중시하고 있고 교사, 학부모, 대학생, 과학자 등이 함께 학생교육에 참여한다. 가령 부모에게는 빨래가 마르는 것, 나무가 자라는 것 등 생활 속 현상을 아이들과 함께 토론하고 탐구하도록 조언하고 있다. 일상의 많은 현상들에는 과학, 기술, 공학, 디자인 등 다양한 원리가 녹아 있으므로 생활 속 체험과 토론학습을 통해 융합적 지식을 스스로 습득하게 한다. 우리나라의 스팀교육도 사물의 현상을 다양한 관점으로 바라볼 수 있게 해 융합인재로 성장하도록 하는 데 중점을 두고 있다. 따라서 미래에는 융합적 관점과 역량을 갖는 것이 매우 중요하다. 사회문제는 점점 복잡해지고 있으므로 단편적인 전문지식만으로는 복합적인 문제를 해결할 수 없으며 융복합지식과 역량이 중요하다.

아무리 뛰어난 인재라도 다방면의 지식을 동시에 갖추기는 어렵다. 뭐든지 다 알고 다 잘하는 사람이라면 어느 시대, 어느 사회를 막론하고 문제가 없겠지만, 모든 걸 다 잘하는 사람은 없다. 사람은 누구나 자기가 잘하는 분야가 있고 저마다 다른 재능이 있다. 각자 잘하는 분야의 잠재능력을 최대한으로 끌어내고 계발하는 것이 바로 교육의 역할이고 기능이다. 그런데 남보다 잘하는 재능이 있는 분야를 찾기가 결코 쉽지 않다. 우리 아이가 잘할 수 있는 분야를 찾기만 한다면 이미 절반의 성공은 거둔 것이다.

아인슈타인은 "모든 사람은 천재다. 하지만 만약 물고기를 나무 오르는 능력으로 평가한다면 그 물고기는 평생 자신이 바보라고 믿으며 살 것이다"라고 말했다. 물고기는 헤엄을 잘 치고, 원숭이는 나무를 잘 오르며, 치타는 빠르게 달릴 수 있다. 각각의 동물이 저마다 다른 능력을 갖고 있듯이 사람도 저마다 잘하는 능력이 다르다. 두루두루 다 잘할 수는 없기에 자신이 잘하는 재능을 찾아 우선 그 분야에서 남보다 탁월한 인재가 되기 위해 노력해야 한다. 전문성은 창의융합 인재가 되기 위한 필요조건이다. 사실 전문가가 되기도 어려운데 융합인재가 되기는 더 어려울 것이다. 하지만 미래에는 산업화시대의 전문가 정도로는 창의적인 성과를 내기가 어려우며, 전문능력에 더해 융합능력을 갖추어야만 비로소 창의적인 시너지를 만들 수 있을 것이다. 전문가이면서 동시에 창의인재, 융합인재가 되어야 한다는 것이다.

왜 또 새삼 창의력일까?

5

🖱 그것이 알고 싶다! 2022 개정 교육과정

우리나라의 교육정책은 이른바 '국가교육과정'에 기반하고 있다. 국가교육과정이란 교육당국이 교육목적, 교육내용과 수업, 교수활동 등에 대한 계획을 세워 고시한 것을 말한다. 대한민국 정부수립 후 1954년에 문교부령으로 '교육과정 시간배당 기준령'이 제정, 공포되면서 1차 교육과정이 처음 만들어졌다. 이후 1963년 2차 교육과정, 1973년 3차 교육과정, 1981년 4차, 1987년 5차, 1992년 6차, 1997년 7차 교육과정 개정이 있었다. 21세기 들어서는 2009년에 이어 2015년에 개정 교육과정이 고시되었는데, 주요한 특징은 '문이과 통합 교육과정'과 'SW교육 강화' 등이다. 국가교육과정 개정은 과학기술과 경제사회 발전 및 사회변화에 따른 인재상의 변화를 반영한다. 현행 교육과정은 2015년 개정 교육과정이고, 2022년 새로운 미래형 교육과정 개정을 앞두고 있다. 2015년 교육과정이 제시한 인재상은 창의융합 인재다. 즉 창의융합 인재를 기르는 것이 초중등 교육의 목표다.

2021년 11월 24일 교육부는 2022 개정 교육과정 고시를 앞두고 '2022 개정 교육과정 총론'의 주요 사항을 발표했다.[26] 교육부가 제시한 미래인재상은 '**포용성과 창의성을 갖춘 주도적인 사람**'인데 내용을 살펴보면 2015 개정 교육과정에서 제시한 창의융합 인재와 본질적으로 다르지는 않다. 새 교육과정은 학생들이 디지털전환, 기후환경 변화 및 학령인구 감소 등 미래사회 변화에 적극적으로 대응할 수 있는 기초소양과 역량을 함양하는 데 역점을 두고 있다. 구체적으로는 미래변화 대응역량, 기초소양 함양강화, 고교학점제 등 학생 맞춤형 교육의 강화, 학교교육의 자율성강화 등을 새로운 방향으로 제시하고 있다.

필자는 2022 개정 교육과정에서 중요한 것은 디지털 대전환 등 환경변화와 에듀테크 기술도입에 따른 맞춤형 교육과 자율성강화라고 생각한다. 특히 2015 개정 교육과정 이후 코로나19라는 대격변과 4차 산업혁명의 본격화를 겪었던 것이 교육과정 변화의 방향에 반영되었다고 생각한다. 교육과정 개정에도 불구하고 창의성과 융합적 능력의 중요성에는 변화가 없을 것이며 미래교육에서는 점점 더 강조될 수밖에 없다.

무엇보다 창의성은 교육에서 가장 중요한 가치다. 교육은 창의적인 인재를 길러내는 것이기 때문이다. 그런데 창의성이란 게 저절로 생기는 건 아니다. 설사 선천적으로 창의성을 타고난 인재라 하더라도 가만있으면 자신에게 잠재된 창의성을 제대로 발휘할 수 없다. 창의성 전문가의 공통된 견해는 '창의성은 적절한 환경과 교육에 의해 길러진다는 것'이다. 창의성 및 영재교육 전문가인 윌리엄메리대 김경희 교수는 저서 《4차 산업혁명 시대 창의인재를 만드는 미래의 교육》에서, 4차 산업혁명 인재를 기르는 미래교육에서는 창의력과 혁신이 가장 중요하며, 이를 위해서는 창의적 풍토(Climate), 창의적 태도(Attitude), 창의적 사고(Thinking skill) 등 3단계를 거쳐야 한다는 이른바 'CAT 이론'을 제시했다.[27]

이 이론에서 눈여겨볼 것은 창의적 풍토와 창의적 태도다. 작물이 튼튼하게 자라도록 하는 데는 밝은 햇살, 세찬 비바람, 다양한 토양, 자유로운 공간이 중요하듯이 아이들의 창의력이 잘 자라도록 하려면 4S 풍토조건이 필요하다. 4S란 햇살(Sun)에 해당하는 큰 꿈과 호기심의 격려, 비바람(Storm)에 해당하는 뚜렷한 목표와 시련의 극복, 토양(Soil)과 같은 다양한 경험의 관점통합, 공간(Space)에 해당하는 깊고 튀는, 생각할 여유와 자유를 말한다.

또한 김경희 교수는 창의적 태도의 유형으로 긍정적 태도, 즉흥적 태도, 유머스러운 태도, 철저한 태도, 불굴의 태도, 위험감수 태도, 불확실성 수용의 태도, 다문화적 태도, 개방적 태도, 복합적 태

도, 감성적 태도, 박애적 태도, 공상적 태도, 당돌한 태도 등 27개
를 제시했다. 결국 창의력교육에는 환경이 중요하고 학습에는 태도
가 결정적이라는 것이다.

창의성에 대한 연구나 이론은 무수히 많다. 교육학, 영재교육, 인
지심리학 등을 연구하는 학자들이 제안한 창의성 개념이나 평가모
형도 다양하다. 예컨대 예일대 심리학 교수이자 창의성의 대가인 로
버트 스턴버그(Robert J. Sternberg) 교수는 'WICS모형'으로 유명한데,
영재교육에서 자주 인용된다.[28] 영재성을 발휘하기 위해서는 지혜
(Wisdom), 지능(Intelligence), 창의성(Creativity)이 통합(Synthesized)돼
리더십으로 나타나야 한다는 이론이다. 이 모형을 기반으로 영재교
육에서는 지혜, 지능, 창의성이 균형을 이루는 상태를 '영재성'으로
본다. 또한 스턴버그 박사는 개인 창의성의 속성으로 다음과 같은
11개를 제시했는데 이것 역시 창의성을 이해하는 데 도움을 준다.

1. 문제를 재정립하기
2. 당연하다고 여겨지는 가정에 의문을 갖고 분석하기
3. 다른 사람을 납득시킬 수 있어야 함을 깨닫기
4. 지식은 양날의 검이라는 것을 깨닫기
5. 적극적으로 장애물을 극복하려는 태도
6. 위험을 감수하는 태도
7. 명확하지 않은 상황을 인정하기

8. 자기효능감

9. 자기가 진정으로 하고 싶은 것이 무엇인지 깨닫기

10. 쉽게 만족하지 않는 성격

11. 용기

창의성은 그냥 독창적인 생각만을 가리키는 것이 아니다. 문제를 재정립하고, 당연한 것을 뒤집어보고, 적극적으로 장애물을 극복하고, 위험을 감수하고, 자신이 진정으로 하고 싶은 것이 뭔지를 깨닫는 것 등을 포함하는 복합적인 개념이다. 과연 우리 아이들이 이러한 창의적 속성을 얼마나 갖고 있는지 유심히 관찰해보는 것도 의미가 있다.

☞ 저학년 때부터 길러줘야 할 능력들

인재에게 창의성이 중요하다는 데는 이론의 여지가 없다. 그렇다고 창의성이 모든 문제를 해결해주지는 않는다. 여기에 융합적 능력이 결합되어야 비로소 힘을 발휘할 수 있다. 앞서 T자형 인재, M자형 인재 등 융합인재를 이야기했는데, 융합인재는 다양한 관심에 기반하여 서로 다른 지식과 기술을 실전에서 융합할 수 있는 능력을 가진 인재다. 창의성과 융합능력을 함께 갖춘 인재가 창의융합 인재며 뉴노멀의 인재다.

그렇다면 왜 창의융합 인재가 필요할까. 왜 창의성과 융합능력을 강조하는 걸까. 먼저 창의성이 필요한 이유는 사회가 점점 복잡해지고 불확실성이 높아지기 때문이다. 미래사회의 문제들은 이전에는 없었던 문제들이고 매우 복잡하게 얽혀 있을 것이다. 또한 새로운 첨단기술은 늘 새로운 위험과 부작용을 동반하기도 한다. 기술이 발전하면 위험도 커지고 사회문제도 복잡해진다. 따라서 기존의 방식으로는 더 이상 새롭고 복잡한 문제를 해결할 수 없다. 더 많은 창의성이 필요한 이유다. 두 번째, 융합능력이 필요한 이유는 실타래처럼 얽힌 복잡한 문제를 한두 명의 전문가가 해결할 수는 없기 때문이다. 전문가 간의 협업이 필요하고 그래서 융합능력이 요구되는 것이다. 결국 창의성과 융합능력은 복잡한 문제를 해결하기 위해 필요한 두 가지 핵심요소다. 창의융합 인재라는 키워드는 미래사회 변화의 트렌드를 반영한다.

메타버스에서 아이와
놀 수 있는 부모가 되자

6

 21세기 아이들, 디지털시대의 신인류

진화론에 의하면 현생인류 호모 사피엔스는 영장류로부터 진화했다. 생물학적 계통을 따져볼 때 인간과 가장 유사한 종은 침팬지라고 한다. 놀랍게도 침팬지와 인간은 유전자의 차이가 겨우 1.6%에 불과하다. 다시 말해 침팬지와 인간의 DNA는 98.4%가 동일하다는 것이다. 하지만 2%도 안 되는 차이에도 불구하고 인간과 침팬지는 엄청나게 다르다. 인간은 다른 동물과는 비교가 안 될 정도의 뛰어난 지능과 상상하는 능력을 갖고 있으며 오랜 세월에 걸쳐 과학, 기술, 문화를 만들고 문명을 발전시켜왔다.

데즈먼드 모리스(Desmond Morris)라는 저명한 진화생물학자는 1964년 발표한 논문에서 오늘날 세상에는 193종의 원숭이와 유인원이 있고 그중 192종은 온몸이 털로 덮여 있지만 '벌거벗은 유인원(The Naked Ape)' 호모 사피엔스는 단 하나의 예외라고 말했다. 대신 인간은 영장류 중 가장 큰 뇌를 가지고 있다. 모리스의 생각을 이어받은 인공지능 과학자 나이절 섀드볼트(Nigel Shadbolt)와 이론 경제학자 로저 햄프슨(Roger Hampson)은 한술 더 떠 현재의 우리는 '디지털 유인원(The Digital Ape)'이라고 강조한다.[29]

21세기의 아이들은 나면서부터 디지털환경에서 자라고 디지털 기기와 스마트 디바이스를 갖고 노는 디지털 네이티브다. 그들은 디지털시대의 신인류다. 기존의 세대와는 완전히 다른 생각과 가치관을 갖고 있다. 디지털과 아날로그는 다르지만, 디지털과 아날로그를 굳이 구분하려고 하는 사람은 이미 구세대다. 디지털 이전에 아날로그를 경험했던 사람들이다. 디지털혁명 이전에 사람들이 세상을 아날로그 세상이라고 부르지는 않았다. 그냥 세상은 물질세계였다. 마찬가지로 디지털 네이티브에게 지금 세상은 그냥 세상이다. 그들에게 디지털은 자연스러운 일상일 뿐이다. 그들은 날 때부터 세상을 디지털이라는 프레임으로 바라보고 있을 뿐이다. 아이들에게는 디지털과 아날로그, 2개의 세상이 있는 게 아니라 디지털과 아날로그가 동전의 양면같이 결합된 하나의 세상일 뿐이다.

아톰(원자)에서 비트(조각)로 전환되는 디지털혁명을 겪은 사람들에게 디지털은 아날로그를 대체하는 새로운 것이었다. 하지만 날 때부터 디지털환경 속에서 자라온 아이들에게는 아날로그와 디지털의 구분 자체가 의미 없다. 기성세대는 아날로그 카메라가 디지털 카메라로 발전하고 아날로그 방송이 디지털로 대체되는 것을 몸소 겪었지만 아이들은 그런 걸 아예 모른다. 모든 카메라, 방송, 가전제품은 원래 디지털이다. 부모님 세대는 다이얼을 돌리는 옛날전화기나 버튼식 전화기를 알지만 디지털 네이티브에게 이런 전화기는 유물이고 골동품이다. 돌리고 누르는 게 아니라 터치하고 드래그하는 게 몸에 배어 있다. 이러한 차이점을 이해해야만 아이들을 올바르게 이끌 수 있다. 그러려면 일부러라도 그들의 문화와 가치를 이해하려고 노력해야 한다.

▚ 소프트웨어 교육, 입시만을 위해 필요할까?

요즘 기성세대와 MZ세대 간의 세대갈등이 사회적 이슈가 되고 있다. MZ세대는 1980년대 초반부터 2000년대 초반에 출생한 밀레니얼 세대와 1990년대 중반부터 2000년대 초반에 출생한 Z세대를 통칭하는 용어다. 이들은 기성세대와는 달리 집단보다 개인의 행복을 중시하고 자기 주관과 개성이 매우 강하다. 기성세대가 MZ세대를 이해하기도 어려운데 지금 아이들 세대를 이해하기란 더더욱 어려울 것이다. 지금 아이들은 MZ세대보다도 더 늦게 태어난 세대이고 MZ세대도 그들에게는 기성세대다. 디지털 네이티브를 이해하고 그들과 소통하려면 디지털로 세상을 보려는 관점이 필요한데 그게 디지털 마인드다. 디지털 마인드로 세상을 보면 아날로그 세상도 다르게 보일 것이다. 어떤 마인드로 보느냐에 따라 세상은 다르게 보이는 법이다.

요컨대 디지털은 일종의 프레임이다. 프레임이란 바깥세상을 내다보는 창틀 같은 것이다. 네모난 창틀로 보는 세상은 네모고, 둥근 창틀로 보는 세상은 둥글다. 디지털 프레임으로 보는 세상은 비트로 이루어진 디지털세상이다. 부모님 세대의 세상은 아톰으로 이루어졌지만 디지털 네이티브, 아이들 세상의 기본단위는 비트다. 디지털 대전환시대의 인재는 기본적으로 디지털 마인드와 디지털 리터러시(Literacy)를 갖추어야만 한다.

디지털 리터러시는 디지털 문해력이다. 리터러시란 말은 소양, 문해력 등으로 번역할 수 있다. 원래 글을 읽고 쓸 줄 아는 능력을 뜻한다. 리터러시가 없는 사람은 글을 읽고 쓸 줄 모르는 문맹이다. 컴퓨터나 태블릿PC, 모바일기기 등 디지털기기를 다룰 수 있는 능력, 인터넷에서 필요한 정보를 검색하는 능력, 정보를 처리하고 데이터베이스로 정리할 수 있는 능력, 디지털 미디어를 통해 커뮤니케이션할 수 있는 능력 등 디지털과 관련된 모든 능력을 포괄하는 개념이 디지털 리터러시다. 한국교육학술정보원의 연구에 의하면, 디지털 리터러시를 이루는 요소로는 정보의 탐색, 분석, 평가, 활용, 관리, 소통, 추상화, 생산 및 프로그래밍 등을 들 수 있다.[30] 지식의 기본단위는 정보이며, 정보를 이루는 기본요소는 데이터다. 다시 말하면 데이터를 처리하고 분석한 것이 정보이며 정보를 엮어 논리적으로 구성하고 체계화한 것이 지식이다. 디지털사회에서의 지식은 디지털화가 가능하며, 대부분 디지털 지식정보 콘텐츠로 존재한다. 전자책, 디지털 교과서, 모바일 콘텐츠, 디지털영상, 메타버스 플랫폼 콘텐츠, G-러닝(게임을 통한 학습) 등 디지털 기반의 다양한 콘텐츠로 지식을 습득하므로 공부에 있어서도 디지털 리터러시는 매우 중요하다. 가령 컴퓨터를 잘 다루지 못하는 사람은 학습능력, 업무능력 면에서도 뒤처질 수밖에 없듯이 미래교육에서는 디지털 리터러시가 없으면 학업을 따라가기가 힘들 것이다. 요즘 코딩교육, 소프트웨어 교육이 중요해지는 것도 이 때문이다.

우리나라에서도 최근 SW교육 의무화 정책을 시행하고 있다. 2018년부터는 중학교, 2019년부터는 초등학교 과정에서 SW교육이 필수화됐다. SW교육에서는 코딩교육이 중요하다. 코딩은 컴퓨터 프로그래밍을 말하는데, C언어, 자바, 파이선 등 컴퓨터언어로 프로그램을 만드는 것이다. 아날로그 기계의 작동은 설계도에 기반해 이루어지지만 디지털기계는 컴퓨터 프로그래밍에 따라 작동된다. 따라서 컴퓨터, 로봇, 인공지능 등 디지털 기반의 모든 디바이스나 기계의 기반은 컴퓨터언어다. 컴퓨터언어를 알면 디지털세상의 작동기제를 쉽게 이해할 수 있다. 코딩교육의 목적이 여기에 있다. 처음부터 어려운 컴퓨터언어를 배우지 않더라도 블록코딩이나 게임 기반

G-러닝 등으로 쉽고 재미있게 코딩에 입문할 수 있다.

한국에서 SW교육 필수화가 시행되고는 있지만, 의무교육 시수가 초등학교는 17시간, 중학교는 34시간에 불과하다.[31] 초중학교 51시간으로는 디지털 리터러시를 익히는 데 턱없이 부족하다. 2022 개정 교육과정에서는 SW교육 시수가 두 배로 늘어나지만 그래도 부족하며 그것도 2025년부터 적용된다. 주요 선진국의 정보교육 시간과 비교해보면 우리나라 SW교육 시간이 얼마나 부족한지 확연히 드러난다. 가령 SW강국인 미국은 416시간, 영국은 374시간이다. 이웃나라 일본은 프로그래밍을 포함한 정보활용 교육시간을 합치면 405시간이다.[32] 우리나라보다 일고여덟 배나 많다. 따라서 학교교육의 정규과정만으로는 디지털인재로 기를 수 없다. 부족한 부분은 보충해주어야 한다. 예를 들어 우리나라의 스타트업 럭스로보에서 개발한 코딩로봇 모디(MODI)는 코딩이나 SW교육에 입문해 재미를 붙이는 데 안성맞춤이다.[33] 모디는 얼핏 보면 레고블록 같지만 하나하나의 모듈블록에 센서나 마이크로프로세스가 장착된, 말하자면 '스마트토이(Smart toy)'다. 모듈은 크게 입력, 출력, 셋업 등으로 구분되고 각각의 기능을 가진 모듈을 레고를 조립하듯 맞추면 사물인터넷, 로봇 등 전자기기를 만들어낼 수 있다. 아이들이 어릴 때부터 모디 같은 코딩로봇을 갖고 놀게 하고 MIT 미디어랩의 스크래치, 네이버재단의 엔트리 등 무료 코딩플랫폼에서 블록코딩을 학습하게 한다면 부족한 SW교육 시수를 보완해 디지털 리터러시를 갖출 수 있을 것이다.

한국과학창의재단에서 오래 근무한 필자에게 주변의 학부모들이 요즘 코딩교육이 중요하다는데 사교육이라도 시켜야 하는지 물어보는 경우가 많았다. 코딩교육은 컴퓨터 프로그래밍 교육이지만 직업적인 프로그래머로 양성하려는 전문교육은 아니다. 컴퓨터 다루는 법을 배우는 것이 기본적이듯이 코딩교육은 알고리즘과 디지털 문법을 학습하는 것이다. 문법을 알아야 글을 읽고 쓸 수 있듯이 코딩을 알아야 디지털세상의 원리를 이해할 수 있다. 코딩을 모르면 인공지능과 빅데이터, 블록체인을 이해할 수 없다. 굳이 사교육이 아니더라도 코딩로봇, 코딩학습 플랫폼 등을 이용하면 혼자서도 충분히 코딩학습이 가능하다. 코딩교육은 대학입시를 위한 것이 아니라 디지털 리터러시를 갖추고 디지털 미래사회 변화에 대응하기 위한 것이다.

아이의 안전한 디지털생활, 부모의 멘토링에 달렸다

21세기 아이들을 기르는 것은 디지털 원주민을 키우는 것이다. 아이들은 모두 디지털 원주민이다. 아날로그에 익숙한 부모님 세대와는 완전히 다르다. 디지털 원주민이 훌륭한 디지털인재로 성장하도록 하는 데는 부모님 역할이 중요하다. 그러려면 우리 부모님들도 디지털전환에 잘 적응해야 하고, 디지털 리터러시도 어느 정도 갖추어야 한다. 빅데이터 분석이나 코딩, 인공지능 알고리즘 등 매우 전문적인 지식이나 기술까지 배울 필요는 없겠지만 적어도 디지털기술이 무엇이고 어떤 세부 기술들이 있는지, 이런 기술이 어떻게 사용되고 어떤 가치를 만들어내는지 등에 대한 기본소양은 갖추어야 한다. 블록체인, 클라우드, 사물인터넷, 인공지능, 메타버스 등에 대한 대화가 가능해야 자녀교육과 학습에 개입할 수 있을 것이다. 아이를 키우려면 부모님도 공부해야 한다. 부모님들에게는 세상의 변화를 이해하기 위한 평생교육이 필요하다. 옛날 부모님들은 아이들과 함께 레고장난감, 과학상자 등을 갖고 놀아주었는데, 이제는 모디 같은 코딩로봇이나 아두이노 등 초소형 컴퓨터기기를 갖고 놀아줘야 한다. 메타버스 플랫폼에서 아이들과 만나 소통할 수도 있어야 한다. 아이들이 실제 생활에서뿐만 아니라 디지털공간에서도 친구들과 건전한 관계를 맺고 자신의 개인정보나 프라이버시를 보호하며 사이버 에티켓을 준수하는 건전한 디지털시민으로 성장할 수 있도록 모니터링과 멘토링을 해야 한다. 단순히 감시하고 관찰하는 모니터링보다는 대화하고 소통하는 적극적인 멘토링이 훨씬 낫겠지만, 무엇을 할 수 있는지는 전적으로 부모님의 디지털 리터러시 수준에 달려 있다. 디지털 리터러시는 아이들은 물론이고 부모님도 함께 갖추어야 하는 미래사회의 기본소양이다.

아날로그 부모 필독! 코딩교육 Q&A

학부모들이 궁금해하고 많이 하는 질문들을 통해 아이들의 SW교육에 대해 함께 이야기해보자.

Q: 정보교육, SW교육, 코딩교육은 어떻게 다른가요?

A: 정보교육은 컴퓨터나 전산기계 등 하드웨어, 프로그램을 가리키는 소프트웨어, 알고리즘을 짜는 코딩 등을 포괄하는 컴퓨터과학 전반을 가리키는 개념입니다. SW교육은 컴퓨터과학의 기본개념과 원리를 기반으로 여러 가지 문제를 논리적, 창의적으로 해결하는 컴퓨터적인 사고력(CT, Computational Thinking)을 기르는 교육입니다. 그리고 코딩교육은 이 중 프로그래밍을 배우는 것입니다. 컴퓨터 프로그램을 수행하는 절차를 적어둔 명령어를 코드라고 하고 코드를 입력하는 행위를 코딩이라고 합니다. 문제해결의 절차와 과정, 즉 알고리즘을 작성하고 컴퓨터 프로그램을 구성하는 방법을 배우는 것이 바로 코딩교육입니다.

Q: 아이에게 코딩교육은 꼭 필요한가요?

A: 코딩교육을 받지 않아도 살 수 있고 일상생활에서 크게 불편하지 않을 수도 있습니다. 하지만 4차 산업혁명, 디지털 대전환을 이해하고 미래사회의 변화를 따라잡으려면 꼭 필요합니다. 가령 아주 옛날에는 어린 학생들이 학원을 다니면서 주산을 많이

배웠습니다. 반드시 배워야 하는 것은 아니었지만 주산을 배우면 암산이나 수리능력이 향상됩니다. 코딩교육도 비슷합니다. 코딩을 배우면 디지털 리터러시를 얻을 수 있고 컴퓨터적 사고력, 즉 논리적 사고력이 향상됩니다. 더군다나 SW교육이 의무화된 이상, 코딩교육은 꼭 필요한 교육이라고 할 수 있습니다.

Q: 코딩교육을 위해 학원이나 사교육 꼭 해야 할까요?

A: 앞서 이야기했듯이 국내 교육과정의 SW교육 시수가 초중학교 통틀어 51시간밖에 되지 않습니다. 학교교육만으로는 많이 부족하기에 스스로 보충하는 게 좋습니다. 학원 등 사교육이 아니더라도 방과후교육, 자유학기제, 창의체험 프로그램 등에서 제공하는 SW교육이나 스크래치, 엔트리 등 무료 코딩교육 프로그램이 많습니다. 보통은 온라인 플랫폼에서 블록코딩 등을 배우는 것이 일반적이지만 모디 등 코딩로봇 키트로 직접 로봇을 움직여보는 피지컬코딩을 같이 배우면 훨씬 효과적이고 재미있습니다.

'많이 아는 아이'와 '깊이 아는 아이'의 차이

7

🖰 문해력, 수리력, 논리력… 그게 다가 아니다

'아는 것이 힘'이라는 말처럼 지식의 중요성은 아무리 강조해도 지나치지 않다. 교육은 지식과 기술을 가르치고 배우는 것이다. 산업혁명 이후 공교육의 목표 중 하나는 글을 읽고 쓸 줄 아는 능력, 즉 문해력이었다. 문해력, 즉 리터러시는 기본소양이라는 의미로 많이 사용된다. 어떤 분야든지 필요한 소양이 있고, 그걸 갖추는 것이 리터러시다. 디지털사회에서는 디지털기기를 다룰 줄 알고 인터넷을 사용할 줄 아는 능력, 즉 디지털 리터러시가 필요하다. 데이터를 다룰 줄 아는 능력은 데이터 리터러시고, 인공지능에 대한 기본적인 이해는 AI 리터러시다. 리터러시는 어느 분야에건 응용할 수 있다. 와인에 대한 기본지식은 와인 리터러시, 게임에 대한 소양은 게임 리터러시, 미디어에 대한 이해는 미디어 리터러시라고 말할 수 있다. 글을 모르는 사람을 문맹이라고 하고, 컴퓨터 리터러시가 없는 사람은 컴퓨터문맹이라고 한다. 디지털 리터러시가 없으면 디지털문맹, 데이터를 처리·해석할 줄 모르면 데이터문맹이다. 아무리 고사양의 비싼 컴퓨터를 가지고 있어도 제대로 활용할 줄 모르면 무용지물이다.

리터러시가 있어야 문맹을 벗어날 수 있다. 이것이 교육의 일차적인 목적이다. 그런데 리터러시만 갖는다고 해서 뛰어난 능력을 발휘할 수는 없다. 유능한 인재가 되려면 리터러시 이상이 필요하다. 글을 읽고 쓸 줄 아는 것은 문맹을 벗어난 수준에 불과하다. 인재가 가진 뛰어난 능력은 리터러시가 아니라 '컴피턴시(Competency)' 즉 역량이다. 역량이란 뭔가 할 수 있는 능력이 아니라 매우 잘하고 뛰어난 능력을 말한다. 글을 읽고 쓸 줄 아는 정도가 아니라 글의 행간을 파악하고 글을 잘 쓰는, 비범한 창작능력이다. 소양이 아니라 역량을 갖춘 사람이 진정한 인재다. 글을 아주 잘 써야 작가를 꿈꿀 수 있고 축구를 뛰어나게 잘해야 축구선수가 될 수 있으며 게임을 순발력 있게 탁월하게 잘해야 프로게이머가 될 수 있다. 우선은 마인드가 필요하고, 다음은 리터러시, 그다음은 역량을 갖출 수 있도록 단계적으로 학습하고 훈련해야 한다.

흔히 성공한 사람의 유형에는 든사람, 난사람, 된사람이 있다고 말한다.

든사람	난사람	된사람
머리에 지식이 많이 들어 있는 사람	남보다 두드러지게 잘난 사람	품성이나 인성이 훌륭한 사람

공부를 많이 하면 든사람이 될 수 있고 재능이 뛰어나면 난사람이 될 수 있지만 든사람, 난사람이 모두 된사람은 아니다. 된사람은 인간적으로 훌륭하고 존경받는 사람이다. 이왕이면 든사람, 난사람이면서도 된사람이 되어야 한다. 지식을 많이 갖는다고 품성, 인성이 저절로 좋아지는 건 아니다. 현행 교육과정에서 창의인성 교육을 강조하는 것도 이 때문이다. 창의성만으로는 부족하고 전인적인 인격이 뒷받침되어야 한다. 단지 많이 아는 것보다는 사물의 이치를 깨닫고 아는 것을 올바르게 실천하는 사람이 훌륭한 사람이다. 그러기 위해서는 지식보다 지혜가 필요하다.

지식과 지혜는 다르다. 지혜는 사물의 이치를 빨리 깨닫고 사물을 정확하고 올바르게 처리하는 정신적 능력을 말한다. 외워서 아는 것은 지식이지만, 근본적 원리를 깨닫는 것은 지혜다. 지식은 공부를 통해 얻어지는 결과이지만 지혜는 깊이 공부하는 과정에서 자연스럽게 얻어지는, 몸에 배는 태도 같은 것이다. 지식이 쌓여야 지혜를 얻을 수 있지만 지식이 쌓인다고 저절로 지혜가 생기는 건 아니다. 지식이 소양이라면 지혜는 역량 같은 것이다. 또한 지식은 오래가지 않고 유효기간이 있지만 지혜는 그렇지 않다. 한번 지혜를 갖게 되면 통찰력이 생기고 유용한 정보와 올바른 지식을 얻는 방법을 깨칠 수 있다. 그냥 아는 것이 아니라 지식의 옳고 그름을 분별하고 정보를 꿰뚫어 보고 이를 통해 미래를 예측할 수 있으려면 지혜가 필요하다.

지식 대신 아이 마음에 채워줘야 할 것

지식연구자들은 지식을 두 가지로 구분한다. 하나는 '형식지(Explicit knowledge)'고 다른 하나는 '암묵지(Tacit knowledge)'다. 형식지란 언어나 문서로 표현할 수 있는 지식이다. 보통 책이나 수업 등을 통해 배우고 익히는 지식이다. 데이터베이스, 문서, 논문, 매뉴얼, 신문, 교과서 등의 형태로 형상화할 수 있고 공유할 수 있다. 반면 문서나 언어로 표현할 수는 없지만 경험과 학습을 통해 개인에게 체화된 지식은 암묵지다. 가령 시행착오를 거치며 경험적으로 체득하는 노하우, 어떤 일을 효율적으로 처리하는 비결, 공부하는 요령 등이다. 경험적으로는 알고 있지만 언어나 문자로 명확하게 표현하기는 어렵고 공유하기도 어렵다. 눈에 보이는 빙산이 형식지라면, 드러나지는 않지만 분명 그 아래 떠다니는 거대한 빙산의 본체 같은 것이 암묵지다.

정규교육과정이나 학교에서 배우는 지식은 형식지다. 하지만 형식지를 배우는 과정에서 갖게 되는 요령이나 노하우는 암묵지다. 책으로 배우는 지식이나 기술은 형식지이지만 경험과 훈련을 통해 체득하는 지식과 기술은 암묵지에 가깝다. 예컨대 중국무술 쿵후를 책으로 배우는 것과 전설적인 사부로부터 비법을 전수받고 직접 연마하면서 갈고닦은 것은 큰 차이가 있을 것이다. 지식이나 기술의 습득은 책을 통해서만 얻을 수 있는 건 아니다. 교사, 친구와의 대화나 토론을 통해서, 아니면 캠프활동이나 체험, 이색적인 경험, 여행을 통해서도 얻을 수 있다. 백문이 불여일견이다. 활동, 경험, 여행을 통해 얻는 지식은 훨씬 기억에 오래 남고 생생하다. 코딩교육도 마찬가지다. 학교에서 교재를 통해 코딩을 배우고 SW교육을 받는 것은 형식지를 얻는 것이지만 그것만으로는 부족하다. 배운 것을 익히고 직접 프로그래밍을 해보면서 코딩감각과 요령을 몸에 배게 함으로써 암묵지까지 얻어야 지식이 온전히 내 것이 된다. 배운 것을 익히는 가장 좋은 방법은 혼자서 또는 친구들과 코딩 프로젝트를 하면서 직접 프로그램이나 애플리케이션 등을 만들어보는 것이다. 직접 해보는 것보다 좋은 공부는 없다. 코딩대회에 나가거나 캠프에 참여하는 것도 좋은 방법이다.

형식지가 문제집의 뒤에 나오는 정답 같은 것이라면 암묵지는 문제를 해결하는 다양한 방법과 답을 찾는 요령들이다. 지식이 쌓여가는 과정에서 얻는 지혜는 일종의 암묵지라고 할 수 있다. 암묵지나 지혜는 어렵고 복잡한 문제를 해결하거나 난관을 헤쳐나가는 데 매우 유용하다. 형식지와 암묵지는 딱 정해져 있는 게 아니며 둘 간의 경계가 명확하지 않다. 암묵지를 일반화하고 체계적으로 정리해 공유하면 충분히 형식지가 될 수 있다.

미래인재에게는 소양보다는 역량이, 단순한 지식보다는 고도의 지혜가 필요하다. 기본적인 소양뿐만 아니라 정통하게 잘 알고 복잡한 문제를 해결할 수 있는 역량까지 갖추어야 한다. 또한 깊이 생각하고, 호기심을 갖고 질문하고, 낡은 지식은 버리고 새로운 지식을 받아들이고, 항상 경청하는 태도가 필요하다. 이런 태도들은 지혜로부터 나온다. 좋은 인재의 기준은 지식의 양이 아니라 지혜의 깊이다. 우리 사회에는 지식이 풍부한 사람은 많지만, 지혜를 갖춘 지식인은 그리 많지 않다. 우리 아이들을 지혜와 역량을 갖춘 인재로 키우는 부모가 훌륭한 부모다.

"오늘은 뭘 배웠니?" 말고 "오늘은 뭘 질문했니?"

8

🏹 집안 분위기가 아이의 질문하는 능력을 좌우한다

필자는 대중강연을 많이 한다. 대학 시절 SK그룹(당시는 선경그룹)의 한국고등교육재단에서 장학금을 받았었는데, 이 재단출신의 박사들이 2021년 기준 800명이 넘는다. 한국고등교육재단은 2012년부터 재단출신 박사들이 전국의 중고등학교를 찾아가 청소년들에게 미래의 꿈과 희망을 심어주는 강연을 하는 '드림렉처(Dream Lecture)'라는 교육봉사 프로그램을 운영하고 있다. 필자 역시 지난 몇 년동안 드림렉처 강연에 열심히 참여해왔다. 드림렉처 특강뿐만 아니라 대학생이나 일반인, 학부모를 대상으로 4차 산업혁명 특별강연도 다니고 있다. 또한 교육청 교육연수원, 영재교육진흥원 등에서 진행하는 교사 대상 연수에서도 종종 강연을 한다. 이런 여러 종류의 강연을 다니면서 늘 느끼는 점이 있다. 한국 사람들은 너무 질문이 없다는 것이다. 학생들도 그렇고 대학생이나 일반인, 교사들도 크게 다르지는 않다. 강연내용을 완벽히 이해했기 때문에 질문하지 않는 건 절대 아닐 것이다.

개인적으로 필자는 인생의 가장 황금기인 젊은 시절, 7년간 프랑스에서 유학 생활을 했다. 주변에는 한국 유학생들이 많았는데, 당시에도 이들을 관찰하면서 한국 학생들은 유난히 질문을 안 하고 말이 없다고 느꼈었다. 왜 그런 걸까. 질문을 잘 안 하는 것은 한국인들의 점잖고 조용한 기질 탓만은 아닐 것이다. 사실 한국인은 한 꺼풀만 벗겨보면 정말 흥이 많고 음주가무를 즐기고 노는 것을 좋아하는 민족이다. 그런 흥 많은 한국인이 수업시간만 되면 왜 갑자기 '엄근진(엄격근엄진지)' 모드로 전환되는 걸까. 호기심 많고 수다스럽기로 유명한 프랑스인이나 이탈리아 사람과 비교하면 확연한 차이를 느낄 수 있었다. 물론 Z세대 이후의 요즘 아이들은 많이 다를 것이다. 21세기에 태어난 아이들은 더 개방적이고 솔직하고 적극적이다. 하지만 그래도 한국인들은 여전히 질문을 많이 하지 않는 편에 속한다. 동방예의지국 민족답게 가볍게 말하지 않고 점잖게 행동하는 민족성도 여러 가지 이유 중 하나일 것이다.

하지만 민족성이라는 것은 원래 생물학적인 게 아니라 사회적인 것이다. 민족성은 고정불변이 아니라 문화적으로 만들어진다. 유전자의 차이 때문에 특정 민족은 호기심 많은 사람으로 태어나고 질문 많은 사람으로 성장하지는 않는다는 것이다. 개개인도 어떤 나라에서 자라나 어떤 교육을 받고 어떤 사회에서 사느냐에 따라 호기심 많은 사람으로 성장할 수도, 그렇지 않을 수도 있다. 개인별 차이도 있겠지만 나라별로 비교해보면 어떤 나라 사람들은 질문을 많이 하고, 어떤 나라 사람들은 질문이 적다. 그것은 근본적으로 문화적 차이다. 질문을 많이 하는 사회는 문화적으로도 뭔가 다르다. 어릴 때부터 자유롭게 질문하는 교육환경, 눈치 보지 않고 당당하게 의사를 표현할 수 있는 사회 분위기라야 사람들은 질문도 많이 하고 자유롭게 토론하는 습관이 몸에 밴다. 가정교육도 마찬가지다. 엄격하고 근엄하고 진지한 가정에서 자란 아이보다는, 대화를 많이 하고 자유로운 분위기의 가정에서 자란 아이들이 호기심도 많고 질문도 많이 한다.

📌 아이가 질문을 많이 하면 오히려 고마워해라

인간에게 질문은 중요하다. 사전에 찾아보면 '질문'이란 '알고자 하는 바를 얻기 위해 묻는 것'이라고 정의되어 있다. 질문을 하려면 궁금한 것이 있어야 하고, 알려는 욕구도 있어야 한다. 20만 년 전 처음 출현한 현생인류 호모 사피엔스는 매우 오랜 기간 동안 어둠 속에서 침묵하면서 살아왔다. 실제 호모 사피엔스가 기록하며 지식과 지혜를 축적해온 것은 기껏해야 5,000년에 불과하다. 우리는 인류를 만물의 영장이라고 부른다. 만물의 우두머리고 우주에서 가장 강력한 존재라는 뜻이다. 야생동물보다 힘이 세거나 싸움을 잘하는 것도 아니고 새처럼 날지도 못하고 물속에서 살 수도 없는 나약한 인간이 만물의 영장이 될 수 있었던 것은 생각하고 상상하는 능력 때문이다. 인간은 사물의 이치와 자연현상의 원리를 알아내면서 과학을 만들었고 과학을 바탕으로 기술과 공학을 발전시켜왔다. 인간의 역사는 과학기술의 역사라 해도 과언이 아니다. 이 모든 것의 출발점은 바로 호기심이고 질문이다. 물질세계가 무엇으로 구성되어 있는지, 생명체는 어떻게 살아서 움직이는지, 지구의 바깥에는 뭐가 있는지 궁금해하고 질문하는 존재는 우주 생명체 중 인간밖에 없다. '사람은 왜 새처럼 날 수 없을까'라는 질문은 결국 과학연구를 통해 비행기를 만들어냈고, '왜 물고기처럼 바다 밑을 다닐 수 없을까'라는 질문은 잠수함을 만드는 출발점이 됐다. 만약 호기심과 질문이 없었다면 인류는 이렇게 찬란한 물질문명과 정신문화를 결코 이룰 수 없었을 것이다. 아인슈타인은 "중요한 것은 질문을 멈추지 않는 것이다. 호기심은 그 자체만으로도 존재의 이유가 있다"라고 말하며 질문과 호기심의 중요성을 역설했다.

우리는 질문만 봐도 그 사람이 어떤 사람인지 알 수 있다. 생각지도 못한 날카로운 질문을 하는 사람은 창의적이고 탐구심이 강한 사람이다. 엉뚱한 질문을 하는 사람은 상상력이 풍부한 사람이다. 반면 뻔한 질문을 하는 사람은 창의적이지도 엉뚱하지도 않은, 고만고만한 사람이다. 호기심과 상상이 어우러지면 기발하고 창의적인 질문이 나온다. 좋은 질문이야말로 지식의 밑거름이다. 좋은 학생은 정답을 빨리 잘 찾는 학생이 아니라 좋은 질문을 하는 학생이다. 세상에 정답은 없다. 인생에도 정답은 없다. 여러 가지 해답이 있고 다양한 해결방법이 있다. 좋은 문제의식은 좋은 질문에서 나오므로 질문이 없다면 문제의식조차 가질 수 없다. 가령 수업에 방해가 된다고 학생의 질문을 막는 것은 최악의 교육이다. 좋은 교육은 답을 찾는 걸 가르치는 게 아니라 질문하는 방법을 가르쳐주고 질문하는 습관을 길러주는 것이다.

풀리처상을 수상했던 미국시인 메리 올리버(Mary Oliver)는 인간이 가진 최고의 능력은 '사랑하는 힘과 질문하는 능력'이라고 했다. 인공지능 기계가 아무리 뛰어난 능력을 갖고 있다고 하더라도 호기심을 갖고 질문하는 능력을 가질 수는 없다. 부모는 자녀를 호기심이 많고 질문하는 아이로 키워야 한다. 궁금한 것을 거리낌 없이 물어보는 습관이 몸에 배도록 도와줘야 한다. 좋은 질문에 대해 칭찬하고 기발한 질문에 대해 감탄하는 부모가 좋은 부모다. 자녀가 얼마나 호기심과 질문이 많은 아이인지 관찰해보고, 질문이 없는 아이라면 질문을 많이 할 수 있도록 동기부여를 해주어야 한다. 집에서도 부모가 아이에게 질문하고 엄마가 아빠에게도 질문하며 항상 질문이 넘치는 가정 분위기를 만드는 것이 좋다.

인간은 질문하는 존재다. 질문하는 사람, 질문하는 사회야말로 창의적인 사회다. 답은 제한적이지만 질문은 무한하다. 질문하는 습관과 문화가 중요하다. 질문하지 않는 교육은 죽은 교육이다. 질문하지 않고서는 그 어떤 것도 배울 수 없다. 교육열이 뜨겁기로 유명한 이스라엘의 부모님들은 학교에서 돌아오는 자식들에게 "오늘은 뭘 배웠니?"가 아니라 "오늘은 뭘 질문했니?"라고 묻는다고 한다. 공부하는 것은 곧 질문하는 능력과 습관을 기르는 것이라고 해도 과언이 아닐 것이다. 우리 아이들을 잘 키우고 훌륭한 인재로 기르는 첫걸음은 다름 아니라 질문하는 습관을 길러주는 것이다.

원하는 것을 스스로 찾는 아이로 만드는 방법

9

🏳 누구도 예측할 수 없는 세상을 살아갈 아이들

전문이론보다 촌철살인의 함의를 담고 있는 이야기가 있다. 성공하는 데 필요한 쌍기역(ㄲ) 6개가 있다고 한다. 바로 꿈, 꾀, 꼴, 끼, 깡, 끈이다. **꿈**은 미래에 대한 비전이고 자신의 장래희망이다. **꾀**는 지혜로운 생각이다. 인공지능 기계와 경쟁해야 하는 시대에는 순발력 있고 창의적인 생각이 매우 중요하다. **꼴**은 모습이다. 단정한 용모나 개성 있는 옷차림 등 자신의 맵시를 말한다. **끼**는 재능이다. 타고난 재능일 수도 있고 노력을 통해 얻은 것일 수도 있다. **깡**은 깡다구 같은 의미로 지구력이나 끈기를 말한다. 깡이 있으면 아무리 어려운 일도 거뜬히 해낼 수 있다. 마지막은 **끈**이다. 끈은 네트워크나 인맥을 말한다. 물론 혈연, 지연, 학연을 갖고 뭔가를 편법으로 도모하는 것은 좋지 않겠지만, 세상이 변화해도 인간사회는 결국 관계를 통해 지속된다. 친구나 동료, 지인 등 네트워크는 사회생활을 하는 데 있어서 든든한 자산이 된다. 좋은 친구를 사귀고 뛰어난 동료와 원만한 관계를 지속하는 것도 능력이고 실력이다. 미래인재에게도 이런 것들이 필요하다.

자, 그러면 이제까지의 이야기를 정리하면서 다음의 질문에 대해 생각해보자. 우리 아이들이 어떤 인재로 성장하면 좋을까. 이것은 '미래사회가 필요로 하는 인재는 어떤 인재일까'와 비슷한 질문이다. 앞서 우리는 인재상, 인재의 스킬, 인재의 유형, 인재의 역량 등에 대해 차례로 살펴보았다. 비슷비슷해 보이고 반복되는 내용 같지만, 그만큼 중요하기 때문이다. 다시 한번 우리 아이들이 교육과 학습을 통해 갖추어야 할 것들에 대해 정리해보기로 하자.

지금 교육당국은 미래교육을 준비하고 있고, 미래인재를 양성하기 위한 여러 가지 정책을 추진하고 있다. 2015 개정 교육과정은 창의융합 인재양성을 목표로 우리 아이들이 미래사회를 살아가는 데 필요한 '자기관리 역량', '지식정보 처리역량', '창의적 사고역량', '심미적 감성역량', '의사소통 역량', '공동체역량' 등 핵심능력을 갖출 수 있도록 하는 데 중점을 두었다. 최근 새로 발표된 2022 개정 교육과정은 '포용성과 창의성을 갖춘 주도적인 사람'을 목표로 미래사회 변화에 적극적으로 대응할 수 있는 기초소양과 역량을 함양하는 데 역점을 두고 있다.

미래사회는 한 우물만 파는 장인형 인재보다는 특정 분야의 전문가이면서도 다양한 관심을 갖는 융합형 인재가 필요할 거라고 앞서 강조했다. 새로운 미래사회의 인재에게는 분명 다양한 관심과 융합능력이 중요하다. 하지만 그럼에도 불구하고 자신의 전문 영역과 전문성이 먼저임을 잊어서는 안 된다. 시대가 변화하고 사회가 바뀌어도 전문가는 변함없이 존중받는다. 물론 전문성만 갖춘다고 평생 걱정 없이 살 수 있을 거란 이야기는 아니다. 전문성의 보유도 중요하지만 전문 영역의 선택도 매우 중요하다. 기술혁신으로 사회가 변화하면 직업세계 역시 변화하므로 특정 영역이나 특정 직업은 미래에 사라질 위험도 있기 때문이다. 어쨌거나 미래사회의 변화트렌드에 비춰볼 때 미래인재가 갖춰야 할 역량은 한두 가지가 아니다. 필요한 여러 역량을 갖출 때 전문성을 최대한 발휘할 수 있다. 지식에는 유효기간이 있고 늘 새로운 지식을 배워 업그레이드해야 하지만 역량을 체득하면 경쟁력의 무기가 될 수 있다. 미래인재가 반드시 갖추어야 하는 것은 다음과 같다.

우선은 **디지털역량**이다. 미래사회는 디지털 대전환과 4차 산업혁명이 가속화되는 시기다. 변화를 주도하려면 디지털 마인드, 디지털 리터러시를 넘어 디지털역량을 갖춘 인재가 되어야 한다. 디지털역량은 디지털기기나 프로그램을 다룰 수 있는 능력은 물론이고 디지털 기반의 데이터를 수집하고 분석하고 거기로부터 인사이트를 얻을 수 있는 능력, 그리고 코딩 능력까지를 포함한다.

두 번째는 **미래대응 역량**이다. 기술발전 속도가 빨라지면 사회변화도 빨라진다. 사회가 변화하면 업무나 커뮤니케이션, 그리고 삶의 방식까지 달라진다. 빠른 변화의 시대에는 그 흐름을 면밀하게 관찰해 미래의 방향을 예측할 수 있는 역량이 필요하다. 변화에 적응하는 가장 좋은 방법은 변화를 미리 예측하고 대비하는 것이다. 미래는 불확실성이 크고 경쟁이 더 치열해질 것이므로 변화에 뒤처지면 도태되고 만다. 찰스 다윈(Charles Darwin)이 주창한 진화론의 핵심은 적자생존이다. 적자생존은 "가장 강한 자가 살아남는 것이 아니라 변화에 잘 적응하는 자가 살아남는다"는 것이다. 변화에 잘 적응하고 때로는 변화를 주도하는 능력이 필요하다.

세 번째는 **협업과 커뮤니케이션 역량**이다. 융합인재는 단순히 폭넓은 관심을 갖는 사람이 아니라 다른 분야의 전문가와 협력해서 창의적인 결과물을 만들 수 있어야 한다. 한 사람의 천재가 문제를 해결하기에는 사회가 너무 복잡하다. 미래에는 다양한 분야의 전문가들이 협업을 통해 복잡한 문제를 함께 해결해야 한다. '같이'의 가치가 더 커질 것이다. 따라서 협업의 중요성은 아무리 강조해도 지나치지 않다. 미래교육에서 팀 프로젝트를 강조하는 이유이기도 하다. 협업을 잘하려면 정확하게 의사를 전달하고 다양한 의견을 조율할수 있는 커뮤니케이션 스킬과 역량도 함께 갖추어야 한다. 앞으로는 세대 간 가치관의 차이, 지식기술의 차이가 커질 것이고 양극화도 심해질 것이다. 동료나 또래 간의 수평적 커뮤니케이션도 중요하지만 세대 간, 선후배 간의 수직적 커뮤니케이션도 중요하다.

네 번째는 **인간적, 감성적 역량**이다. 미래사회 변화에서 가장 중요한 동인은 기계, 로봇, 인공지능이다. 첨단기계나 로봇은 인간의 육체노동을 대신하고 인공지능은 점점 인간의 인지노동을 대신할 것이다. 결국 인공지능, 로봇과 공존하면서도 경쟁해야 한다. 따라서 로봇이나 인공지능이 대체하기 어려운 인간적인 역량을 갖추어야 한다. 인간적 감성이나 인문학소양, 윤리의식, 타인에 대한 공감능력, 다양한 경험을 통해 얻는 창의성 등을 들 수 있다. 가령 인공지능 로봇은 어려운 처지에 놓인 사람에 대해 측은함을 느끼거나 배려하지 않을 것이고, 아름다운 것을 보고 가슴 벅찬 감흥을 느끼지도 않을 것이다. 물론 알고리즘을 통해 인공감성이나 윤리코드를 입력할 수는 있겠지만 아무래도 한계가 있다. 인공지능 로봇이 아무리 발전하더라도 인간을 완전히 대체할 수는 없다. 인공지능 로봇이 인간의 업무 중 상당 부분을 대신하더라도 여전히 인간이 해야 할 일들이 있을 것이다. 그런 일을 할 수 있는 인간적 역량을 키워야 한다. 문학책이나 고전을 읽고, 클래식음악을 듣고, 미술전시를 감상하고, 봉사활동을 하는 등의 비교과활동, 여행이나 캠프 등 몸을 움직이는 다양한 경험은 아이들에게 인간적인 감성과 역량을 길러줄 것이다.

▶️ '하고 싶어서, 알아서 잘하는' 아이의 특징

인재로 성장하기 위해 지식, 역량, 지혜가 필요하지만 이 모든 것에 선행하는 중요한 것이 있다. 바로 **스스로에 대한 동기부여와 의지다.** 인재는 부모나 선생님이 억지로 시켜서 될 수 있는 것이 결코 아니며, 최고의 사교육이나 멘토링으로 만들어지는 것도 아니다. 내가 장차 훌륭한 인재로 성장하겠다는 강한 의지와 스스로에 대한 동기부여가 반드시 필요하다. 개인적 경험을 말하자면, 필자의 아들도 공부는 제법 잘했지만 고등학교 1학년 때까지만 해도 탁월한 정도는 아니었다. 학원에도 보내지 않았고 과외도 시키지 않았고 고등학교 졸업 때까지 부모가 학교에 찾아간 적도 없다. 인터넷강의 1년 치 수강권을 결제해주는 정도가 전부였다. 그러다가 고등학교 2학년이 되면서 어느 순간 아이가 공부를 열심히 해서 원하는 대학, 원하는 학과에 가겠다는 결심을 스스로 했다. 필자는 부모로서 뭘 해줄지 고민하다가 에듀테크 기업으로 성공한 친구를 찾아가 도움을 청했다. 친구는 교육 컨설턴트와의 상담을 주선해주었다. 그 한두 시간의 상담은 우리 아이의 결심과 스스로의 동기부여를 더 확고하게 해주었다. 그게 다였다. 결국 우리 아이는 자신이 목표로 했던 서울대 기계항공공학부에 합격했고 우리 부자는 서울대 동문이 될 수 있었다. 물론 당시 교육상담도 아이에게 큰 도움이 되었겠지만 결국 결정적인 것은 자발적인 결심과 동기부여였다.

자기주도적 인재로 성장하는 데는 교사나 부모보다는 스스로의 몫이 훨씬 크다. 부모는 든든한 지지자로서 옆에서 관찰하고 거들 뿐이다. 뭐든지 아이가 자신의 생각을 갖고 자기가 판단하도록 존중해주는 것이 중요하다. 우리 아이도 여느 아이들처럼 어릴 때부터 컴퓨터게임을 즐겨 했고 만화나 애니메이션도 좋아했다. 취학하기 전 아주 어렸을 때 컴퓨터게임을 밤새 하기도 했다. 하지만 한 번도 게임을 하지 말라고 혼낸 적이 없다. 게임을 하든, 만화를 보든 그건 자신의 취향과 관심을 찾아가는 과정이라고 생각했다. 다만 게임이나 만화 때문에 학교 숙제를 하지 않거나 학교 공부를 아예 놓는 것은 안 된다는 정도의 훈육을 했을 뿐이다.

컴퓨터게임은 디지털 리터러시나 컴퓨턴시를 기르는 데 도움이 되고 만화나 애니메이션은 상상력이나 스토리텔링 능력을 키우는 데 도움이 된다. 가령 우리 아이는 외동인 데다 부모가 맞벌이라 방과 후 집에 있는 시간이 많았는데 그 시간 동안 일본만화나 애니메이션을 많이 봤다. 얼마나 많이 봤는지 어느 순간 배운 적도 없는 일본어를 스스로 조금씩 깨쳤다. 고등학교에 들어가서 제2외국어로 일본어를 선택했는데 그때 비로소 책으로 일본어를 배웠고 말로 배운 일본어에 글이 더해져 일본어를 아주 잘하는 수준에 이를 수 있었다. 이런 것도 일종의 자기주도 학습이다.

아이들의 능력은 부모가 생각하는 이상으로 뛰어나다. 스스로 재미를 붙이고 동기부여를 한다면 뭐든지 해낼 수 있다. 단 사람마다 분야가 다를 수 있다. 뭐든지 열심히 한다고 잘하게 되는 건 아니다. 몰입해서 잘할 수 있는 분야를 찾는 것이 가장 중요하다. 공부가 아니라 미술이나 음악, 댄스나 체육일 수도 있고 컴퓨터게임이나 코딩이 될 수도 있다.

그리고 필자가 고문을 맡아 자문했던 로봇기업이 있는데 창업자 오상훈의 성공스토리도 귀감이 될만해 소개한다. 그는 어릴 때부터 로봇에 미친, 말하자면 로봇덕후였다. 초등학교 시절 로봇이 너무 신기해 나중에 크면 탐사로봇을 만들겠다는 결심을 했다고 한다. 로봇대회에 나가 여러 번 입상도 했다. 어느 날 로봇에 대한 꿈을 안고 무작정 로봇공학자 교수님을 찾아갔다. 어린 나이에 왕복 4시간 거리에 있는 교수님을 찾아가 자신의 꿈을 이야기하며 도와달라고 부탁하자, 그의 재능과 열정을 알아본 교수님은 "로봇은 가르쳐줄 텐데 조건이 있다. 무조건 착하게 살아라. 그리고 내가 선의로 너에게 공부를 가르쳐주듯이 너도 나중에 커서 다른 사람들을 도우며 살아야 한다"라고 당부하며 전문적으로 로봇을 가르쳐주었고 인생에 도움이 될 멘토링을 해줬다. 그는 전액장학생으로 광운대학교 로봇학과에 진학했고 2014년 졸업과 동시에 선배와 함께 교육로봇 기업 럭스로보를 창업했다. 빛의 단위 '럭스(Lux)'와 로봇을 의미하는 '로보(Robo)'를 결합한 기업명에는 로봇테크로 밝은 미래를 만들어보자는 비전이 담겨 있다. 오로지 열정으로 맨땅에서 창업해 국내 최초로 모듈형 교육로봇 모디를 개발했으나 처음에는 판로를 개척하는 데 어려움이 많았다. 가장 인상 깊었던 에피소드는 영국에 첫 수출을 하게 된 이야기다. SW교육을 제일 잘하는 나라가 영국이라는 이야기를 듣고 그는 무작정 런던행 비행기를 탔고 영국 최대 공교육교구 공급업체를 찾아갔다. 제품을 시연하며 짧은 영어로 손짓발짓 동원해 열정적으로 설명했고 설득당한 업체는 곧바로 주문을 했다. SW교육의 본토인 영국에 당당히 수출하게 된 것이다. 영국을 뚫자 룩셈부르크에서도 주문이 들어왔고 점점 매출이 늘기 시작했다. 모디는 우수성을 인정받았고 럭스로보는 전 세계 50여 개국에 진출하는 기업으로 도약했다. 젊은 창업자 오상훈 대표는 2018년 미국 경제지 〈포브스〉가 선정한 '아시아에서 가장 영향력 있는 젊은이 30인'에 선정됐고 모디는 한국과학창의재단이 선정하는 우수과학문화상품으로 선정됐다. 이렇듯 20대 청년이 창업에 성공할 수 있었던 결정적 힘은 어릴 때부터 로봇에 미쳐 탐사로봇을 만들고 로봇공학자가 되겠다고 굳게 결심하고 스스로에 대해 강한 동기부여를 했던 데 있다고 생각한다.

'평안감사도 제 싫으면 그만이다'라는 속담이 있다. 아무리 타고난 재능이 있어도 인재가 되겠다는 본인의 의지나 동기부여가 없으면 절대 인재로 성장할 수 없다. 재능이 뛰어나면 지식과 기술을 남보다 더 빨리, 더 쉽게 습득할 수 있고 역량이나 지혜도 얻을 수 있을 것이다. 하지만 그것만으로는 부족하다. 아무리 훌륭한 교사나 부모라고 하더라도, 아무리 잘 지도하고 이끌어주더라도 본인 스스로의 결심을 대신 해줄 수는 없다.

앞서 말했듯 생텍쥐페리는 "만약 배를 만들게 하고 싶다면 배 만드는 법을 가르치기 전에 바다에 대한 동경심을 심어주어야 한다"고 말했다. 목재를 마련하고 임무를 주고 일을 가르쳐주고 분배하는 것, 그리고 동경심을 갖도록 지도하는 것까지는 교육의 역할이지만 동경심을 체화해 배를 만들겠다고 스스로에게 동기부여를 하고 의지를 갖고 노력하는 것은 결국 아이들의 몫이며 사실은 그게 가장 중요하다.

미국의 심리학자 앤절라 더크워스(Angela Lee Duckworth)는 테드 강연에서 성공에 이르는 데 결정적 역할을 하는 것은 바로 '그릿(GRIT)'이라고 말했다.[34] 영어 Grit은 우리말로는 '투지 또는 용기'를 뜻하는데, 여기서 그릿은 중의적 표현이다. 성장(Growth), 회복력(Resilience), 내재적 동기(Intrinsic motivation), 끈기(Tenacity)의 첫 글자를 딴 말이기도 하다. 결국 훌륭한 인재로 성장하고 성공하기 위해서는 끈기나 동기부여, 의지와 용기가 결정적이라는 것이다. 재능이 뛰어나도 노력 없이는 아무것도 이룰 수 없다. 노력을 이기는 재능은 없으며, 결과는 결코 땀과 노력을 외면하지 않을 것이다. 교사와 부모의 역할은 아이들이 '그릿'을 갖도록 지원하고 이끌어주는 것이다.

다시 정리해보자. 미래인재에게 필요한 것은 우선은 강한 의지와 동기부여이며, 그다음이 학습과 훈련이다. 미래인재는 그릿을 기반으로 지혜, 역량, 창의성과 융합능력을 갖추고 미래변화에 대응할 수 있는 사람이다.

뻔한 이야기 같지만 그 의미를 여러 번 곱씹어봐야 한다. 로마는 하루아침에 만들어지지 않았고 강철은 거듭되는 담금질을 통해 비로소 단단해진다. 인재는 그저 쉽게 만들어지지 않는 법이다.

서울대 아빠표 자녀교육의 기본전략

아이가 미래인재로 성장하려면 강한 의지와 스스로에 대한 동기부여, 학습과 훈련, 지혜, 역량, 창의성과 융합능력 그리고 미래변화 대응능력 등이 필요하다. 이런 다양한 능력과 역량, 습관을 갖기 위해서는 부단한 노력이 필요하고 그걸 이루어가는 과정이 교육이고 학습이다. 그렇다면 부모에게는 무엇이 필요하고 이를 위해 뭘 해야 할까.

우선은 부모도 자녀와 마찬가지로 학습이 필요하다. 미래는 평생학습의 시대이므로 학생이나 부모, 직장인 모두에게 공부가 필요하다. 변화트렌드에 대한 공부, 디지털역량을 갖추기 위한 공부, 교육정책의 변화에 대한 공부 등 부모들도 부단히 공부해야 한다.

두 번째는 아이에 대한 관찰과 자녀와의 끊임없는 소통이다. 우리 아이가 뭘 좋아하고 뭘 싫어하고 어떤 분야에 더 집중력을 발휘하는지를 곁에서 관찰하고 기록하는 것이 좋고, 이를 바탕으로 대화를 많이 해야 한다. 대화는 많으면 많을수록 좋고 허심탄회하게 나누어야 한다. 부모의 입장을 먼저 이야기하고 일방적으로 전달하는 방식은 절대 안 되며 아이들의 생각과 의견을 최대한 경청한 다음 솔직하게 코멘트해주는 정도가 좋다고 생각한다.

세 번째는 아낌없는 지원과 관심이다. 영국정부의 문화정책은 이른바 '팔길이원칙(Arm's length principle)'에 기반하고 있다. 팔길이원칙이란 팔길이 정도의 거리를 둔다는 것으로 어느 정도 거리를 유지하고 지원은 하되 그 운영에는 간섭하지 않는다는 의미다. 자녀교육도 팔길이원칙이 좋다고 생각한다. 물심양면으로 최대한 지원은 하되 간섭은 최소화하면서 자율성을 주는 것이 좋다.

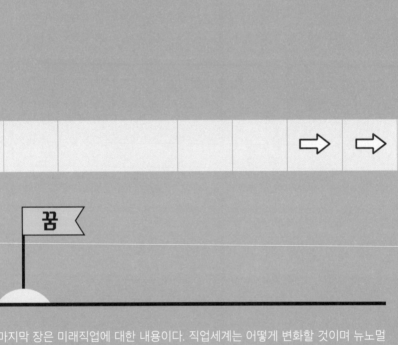

마지막 장은 미래직업에 대한 내용이다. 직업세계는 어떻게 변화할 것이며 뉴노멀로 대표되는 새로운 시대에는 어떤 직업들이 유망한지 등에 대해 살펴볼 것이다. 여기서 이야기하는 전망이나 예측은 정답이 아니며 보는 관점이나 전문가에 따라 충분히 달라질 수 있음에 유의해야 한다. 가장 중요한 것은 부모님이 자녀와 많은 대화를 나누면서, 아이가 바른 직업관을 갖고 자신이 잘할 수 있는 직업의 큰 방향과 줄기를 찾고 조금씩 구체화할 수 있도록 해야 한다는 것이다.

아이 미래에
경제적 자유를!
골드클래스 직업 찾기

4장

코로나19가 바꾼
아이들의 꿈

- - - - - - - - -

1

☞ 요즘 어린이와 청소년이 가장 원하는 직업

어릴 때 아이들은 꿈이 많다. 그 꿈은 꼭 하고 싶은 일일 수도 있고 단순히 선망하는 직업일 수도 있다. 하고 싶은 일과 직업이 일치하면 좋겠지만 그렇지 않은 경우도 많다. 어쨌거나 어린 시절 꿈을 갖는 것은 중요하며 희망직업도 그중 아주 중요한 부분이다. 시대에 따라 청소년들이 선호하는 직업은 다르고, 사회마다 아이들이 희망하는 직종도 다르다. 청소년의 선호직업을 살펴보면 그 사회가 어떤 사회인지 어느 정도 미루어 짐작할 수 있다.

몇 해 전 읽었던 칼럼에서 이정규 박사가 일본 아이들과 한국 아이들의 희망직업 차이를 비교하며 과학풍토와 과학교육에 대해 언급했던 것이 생각난다.[35] 일본의 다이이치생명보험이 매년 청소년들의 희망직업 설문조사를 하는데, 2017년 일본 남자아이들의 희망직업 2위였던 '박사·학자'가 2018년에는 1위로 상승했다는 소식을 NHK가 보도하며 일본의 미래가 희망적이라고 논평했다. 일본 여자아이들의 희망직업 1위는 21년째 식당주인이라고 한다(같은 시기 우리나라 교육부의 조사를 보면 아이들의 희망직업 1위는 남자는 운동선수, 여자는 교사였다고 한다). 박사·학자를 꿈꾸는 일본 아이들이 많아진 건 일본이 꾸준히 노벨과학상 수상자를 배출하고 과학기술을 중요하게 생각하는 문화풍토와 관련이 있다는 것이다. 맞는 이야기다. 아이들의 선호직업은 사회상을 반영하기 마련이다. 사회가 과학자를 우대하고 존경하면 과학자를 희망하는 아이들이 많아질 것이고 운동선수나 연예인이 돈을 많이 벌고 인기를 누리면 운동선수, 연예인이 되고 싶은 아이들이 많아질 것이다.

시대변화에 따라 인재상이 변화하듯이 선호하는 희망직업도 달라진다. 직업세계가 변화하면 희망직업의 종류도 달라지고, 또한 특정 시기에 특정 직업이 인기직종으로 갑자기 부상하기도 한다. 교육부와 한국직업능력연구원이 2022년 1월에 발표한 '2021 초·중등 진로교육 현황조사 결과 발표'를 보면, 1~3위의 희망직업은 운동선수, 의사, 교사 등으로 전년도와 전반적으로 유사하다.[36] 하지만 디지털기술과 온라인산업 발달로 코딩 프로그래머, 가상(또는 증강)현실 전문가 등 컴퓨터 공학자/소프트웨어 개발자 희망직업의 순위가 전년 대비 상승하였다. 컴퓨터 공학자/소프트웨어 개발자가 중

학생의 경우 2020년 11위에서 2021년 8위로 올라왔고 고등학생은 7위에서 4위로 상승했는데, 이는 4차 산업혁명과 디지털전환이라는 변화의 트렌드가 희망직업 조사에서도 그대로 반영된 것으로 보인다. 또한 4차 산업혁명으로 인한 직업변화가 가속화됨에 따라 로봇공학자, 정보보안 전문가, 인공지능 전문가, 빅데이터·통계분석 전문가, 3D프린팅 전문가 등 신직업을 희망하는 학생들이 나타나고 있다. 이런 조사결과를 발표하면서 교육부는 "4차 산업혁명 등으로 가속화되고 있는 미래사회는 변동성, 불확실성, 복잡성을 특징으로 하므로, 우리 학생들은 현존하는 직업을 선택하기보다는 스스로 진로를 설정하고 개척할 수 있는 역량을 길러나가야 한다"라는 입장을 내놨다. 한편 교육부가 지난 2021년 발표한 조사에서는 의사, 간호사의 순위상승이 두드러진 것으로 나타났었는데 이는 2020년 내내 코로나19가 창궐하고 대유행하면서 보건·의료에 대한 관심이 부쩍 높아졌기 때문이었던 것으로 분석했다.

교육부와 한국직업능력연구원은 2007년부터 매년 초·중등 진로교육 현황조사를 하고 연초에 그 결과를 발표하고 있다. 매년 발표하는 조사결과의 추이를 체크해보는 것도 자녀의 진로 로드맵을 수립하는 데 좋은 참고자료가 될 것이다.

🖱️ "내가 살아보니 이게 최고더라"라는 착각

시대가 바뀌고 기술이 발전함에 따라 직업세계 또한 큰 변화를 겪는다. 가령 1970~1980년대 산업화과정에서는 중화학공업, 기계공업이 중요했기에 대학의 학과선호도 역시 화학공학과, 기계공학과 등이 높았지만 1980년대 후반 정보화혁명이 가속화되면서 전자공학, 컴퓨터공학이 각광을 받기 시작한다. 2000년대 들어서는 생명공학에 대한 관심이 높아졌고 최근에는 인공지능과 관련된 인지과학, 수학, 데이터과학 등이 인기를 끌고 있다. 청소년들의 희망직업에 대한 인식변화는 사회변화를 반영할 수밖에 없다.

청소년 희망직업의 변화에 대해 더 많은 관심을 기울이고 자녀들과 소통하는 것이 중요하다. 매년 발표되는 청소년 희망직업 순위표를 보면서 자녀들과 허심탄회하게 이야기해보는 것은 그 어떤 진로교육보다 더 좋은 교육이다. 단, 부모 세대의 직업에 대한 관점으로 자녀들의 미래직업에 대해 이야기하는 것은 절대 금지다. "라떼(나 때)는 말이야, 이런 직업이 인기 있었지. 내가 살아보니 이런 직업이 최고더라"라는 식의 이야기는 자녀들에게 아무런 도움이 되지 않을 뿐 아니라 잘못된 선입견을 안겨줄 수 있다.

부모와 아이가 함께 보는 인기직업 Best 20

다음은 지금 우리나라 초중고 학생들이 가장 되고 싶어 하는 인기직업 목록(2021년 기준)이다. 아이와 함께 보면서 꿈에 대해 이야기하는 즐거운 시간을 가져보자.

순위	초등학생	중학생	고등학생
1	운동선수	교사	교사
2	의사	의사	간호사
3	교사	경찰관/수사관	군인
4	크리에이터	운동선수	컴퓨터 공학자/ 소프트웨어 개발자
5	경찰관/수사관	군인	경찰관/수사관
6	조리사(요리사)	공무원	공무원
7	프로게이머	조리사(요리사)	의사
8	배우/모델	컴퓨터 공학자/ 소프트웨어 개발자	생명과학자 및 연구원
9	가수/성악가	뷰티 디자이너	경영자/CEO
10	법률 전문가	경영자/CEO	의료·보건 관련직

11	만화가(웹툰작가)	간호사	뷰티 디자이너
12	수의사	크리에이터	경영·경제 관련 전문직
13	제과·제빵사	배우/모델	시각 디자이너
14	과학자	시각 디자이너	건축가/ 건축 디자이너
15	작가	법률 전문가	회사원
16	뷰티 디자이너	약사	광고·마케팅 전문가
17	시각 디자이너	회사원	감독/PD
18	컴퓨터 공학자/ 소프트웨어 개발자	만화가(웹툰작가)	화학·화학공학자 및 연구원
19	회사원	제과·제빵사	운동선수
20	공무원	수의사	조리사(요리사)

-출처: 교육부 보도자료, 〈2021 초·중등 진로교육 현황조사 결과 발표〉

직장 말고
직업의 시대가 왔다

🔖 일에 대해 의외로 잘못 알고 있는 사실들

"2020년까지 4차 산업혁명으로 인해 710만 개 일자리가 사라지고 새롭게 만들어질 일자리는 200만 개다." 다보스포럼이 2016년 〈직업의 미래〉 보고서를 통해 큰 파장을 불러일으킨 예측이다. 다보스포럼이 예고했던 시점은 이미 지났다. 과연 그 예측처럼 사라진 일자리가 새로 만들어진 일자리보다 많았을까. 실제 우리나라만 보더라도 4차 산업혁명과 자동화로 대량실업이 발생하지는 않았고 세계적으로도 대량실업이 이슈가 되지는 않았다.

정작 이 예측을 했던 다보스포럼은 문제의 〈직업의 미래〉 보고서를 발표하고 2년 후, 2018년에 다른 보고서를 통해 기존의 예측을 번복했다.[37] 다보스포럼의 〈직업의 미래 보고 2018〉에는 2022년까지 1억 3,300만 개의 직업이 생기고 7,500만 개가 없어져 5,800만 개의 직업이 새로 생길 거라고 나와 있다. 사라지는 일자리보다 새로 생겨나는 일자리가 더 많을 것이라는 새로운 관점의 예측이다. 이 보고서는 언론에 거의 보도되지도 않았다(원래 언론은 부정적인 일, 충격적인 사건, 선정적인 사건에 우선 관심을 가지기 마련이다). 다보스포럼이 세계경제에 미치는 영향이 엄청나지만 예측은 예측일 뿐이다. 또 예측은 언제든지 수정될 수 있고, 아무리 객관적인 예측이라 하더라도 정책을 통해 충분히 대비하고 결과를 보정할 수도 있다.

이쯤에서 '일자리'에 대해 생각해보자. 도대체 일자리란 무엇인가. 2016년 다보스포럼이 발표했던 보고서의 영문명은 'The Future of Jobs'로 '직업의 미래'라 번역된다. 하지만 Job은 직업보다는 일자리에 가깝다. 계속 우리가 일자리만 이야기하는 게 맞는 걸까? 직업의 사전적 의미는 '**생계를 유지**하기 위해 **자신의 적성과 능력**에 따라 **일정 기간 동안 계속**해서 종사하는 일'이다. 이 간단한 정의에도 직업의 몇 가지 요건이 담겨 있다. 그렇다면 재미나 봉사를 위해 하는 일이나, 적성·능력과 무관하게 하는 일, 임시로 잠깐 하는 일은 직업으로 볼 수 없을 것이다. 계속 일을 하기 위해서는 자신의 자리나 회사에서의 위치가 있는 것이 일반적이다. 이제까지의 직업에 대한 개념이나 인식은 그랬다. 하지만 미래에도 그럴까. 자리가 있어야만 일을 할 수 있는 걸까. 그렇지 않다. 자리가 없는 일도 있다. 이런 경우 이를 '일거리', '일감' 또는 줄여서 '일'이라고 부른다.

일자리는 일하는 물리적인 자리, 즉 자신의 책상이나 직장에서의 자리를 말한다. 그 자리가 지속적이고 안정적일 때 이를 정규직이라 부른다. 자리의 성격에 따라 정규직과 비정규직, 임시직 등을 엄격하게 구분하고 차별하기도 한다. 하지만 엄밀하게 말하면 일자리와 일거리는 다르다. 일자리(Job)는 직장이고, 일거리(Work)는 일감, 즉 일 자체를 가리킨다. 한자어 직업(職業)에서 직(職)은 일자리를, 업(業)은 일거리를 뜻한다. 일거리가 생긴다고 저절로 일자리가 생기는 건 아니며, 일자리를 만든다고 꼭 일거리가 늘어나는 건 아니다. 일거리를 늘리는 것과 일자리를 만드는 것은 다르다.

▶ "어디 다녀?"와 "무슨 일 해?"는 완전히 다르다

직과 업 중 본질적인 것은 업이다. 그래서 직장보다는 직업이 중요하다. 업을 위해 직이 필요한 것이고 직이 주어지면 그에 따른 업무의 권한이 부여되는 것이다. 그런데 어느 순간 직이 업을 압도했고 자리가 사람을 만든다고 생각하며 사람들은 자리에 집착하기 시작했다. 하지만 자리는 일을 하기 위한 제도일 뿐이다. 우리가 전문성을 가질 수 있는 것은 자리가 아니라 일이다. 인재양성도 일을 잘하는 사람을 길러내기 위한 것이지, 자리를 나눠주기 위한 것이 아니다. 자리는 있다가도 없어지고 다른 자리로 옮길 수도 있지만 일은 계속되며, 계속하면 할수록 전문성이 더 쌓인다. 어떤 자리에서 일하느냐보다는 어떤 일을 하느냐가 훨씬 중요하다. 그래서 직보다는 업을 우선으로 생각해야 한다. 사회학에서는 지위와 역할이란 개념이 있는데 이를테면 지위가 직이고 역할은 업이다. 자녀들이 미래 희망직업을 탐색함에 있어서도 아이들이 어떤 직장에 취직하고 어떤 자리를 차지하고 싶은지가 아니라 어떤 일을 하고 싶은지를 찾는 것이 중요하다. 가령 "나는 교장, 교감, 평교사가 되고 싶어"가 아니라 "아이들을 가르치고 싶고 후학을 양성하는 일을 하고 싶어"라고 말할 수 있게 이끌어주는 것이 좋다.

직업과 일자리, 일거리는 다르다. 지금까지는 일자리와 일거리가 구분되지 않았고 직업은 일자리와 일거리가 통합된 형태였다. 하지만 미래에는 직과 업이 분리될 수 있으며 직보다는 업이 훨씬 중요해진다. 어떤 자리냐 보다는 어떤 일이냐가 본질이다. 우리 아이가 어떤 일을 하면서 잠재력을 발휘하고 자아를 실현할 수 있을지를 진지하게 고민해야 한다.

오늘의 인기직업도
당장 내일 사라질 수 있다

3

 어떤 직업이 얼마나 사라질까?

산업혁명이 한창이던 1800년대 후반부터 1900년대 초반까지 영국과 아일랜드에는 '노커업(Knocker-up)'이라는 직업이 존재했다. 이들의 역할은 교대로 출근해야 하는 공장근로자들의 잠을 깨워주는 일이었다. 하지만 자명종이 등장하면서 이 직업은 설 자리를 잃고 만다. 전화교환원도 마찬가지다. 우리나라의 경우 1902년 3월 대한제국 시절, 한성(서울)~인천 간의 전화기가 처음 설치되었고, 같은 해 6월 한성전화소에서 시내전화 교환업무가 시작되면서 전화교환원이라는 직업이 처음 등장했다. 그러나 자동교환식 전화기가 나오면서 이들 역시 역사 속으로 사라졌다. 1910년대 미국에서는 포드자동차의 보급형 T모델이 출시돼 대량으로 판매되면서 기존의 마부라는 직업이 사라졌다. 대신 자동차 운전사라는 새로운 직업이 탄생했다. 이렇게 역사적으로 보면 기술혁신과 함께 기존의 직업이 사라지고 새로운 직업이 나타난 사례들이 적지 않다.

뉴노멀시대, 4차 산업혁명은 직업세계의 큰 변화를 야기하고 있다. 노커업, 전화교환원, 마부와 마찬가지로 많은 직업이 인공지능과 기계로 대체되면서 사라질 수 있다. 미래에 대한 불확실성이 커지면 부모님들이나 미래를 살아갈 당사자인 아이들은 불안감과 두려움을 가질 수 있다.

정말 과학기술 발전과 4차 산업혁명이 일자리를 감소시키는 걸까. 미래학자들은 컴퓨터화, 자동화로 인한 일자리감소를 예측하고 있고 경제학자들은 기술발전으로 인한 실업, 즉 기술적 실업(Technological unemployment)을 우려하고 있지만 과학기술 발전이 반드시 일자리를 감소시킬 거라고 단정할 수는 없다. 기술발전은 고용시장에 크게 영향을 미치지만 고용시장이 한두 가지 요인에 의해 좌지우지되는 건 아니다. 한국고용정보원에 의하면 고용변동 요인은 인구구조 및 노동인구 변화, 산업특성 및 산업구조 변화, 과학기술 발전, 기후변화와 에너지문제, 가치관과 라이프 스타일의 변화, 대내외 경제상황 변화 등 다양하다.[38] 과학기술 발전은 이런 요인들 중 하나일 뿐이다. 설사 과학기술 발전으로 인해 일자리가 줄어든다고 하더라도 정부정책, 경제상황 변화 등 다른 요인에 의해 일자리가 늘어나서 상쇄될 수도 있다.

2017년 5월 문재인정부가 들어서고 가장 역점을 둔 정책은 일자리정책이었다. 문대통령은 취임하자마자 청와대 여민관 대통령 집무실에 '일자리 상황판'을 설치하고 대통령직속 일자리위원회를 설치해 일자리정책을 직접 진두지휘했다. 그만큼 일자리가 국가적으로 중요하다는 것이다. 일자리정책, 일자리창출, 일자리수석, 일자리위원회 등에서 보이듯 일자리는 국가적 이슈이고 사회 전체의 관심사다. 로봇과 인공지능 기술의 발전으로 자동화가 가속화되고 인간의 일자리는 줄어들게 되면 심각한 사회적 혼란이 야기될 것이므로 당연히 정부가 개입해 공공 일자리를 창출할 것이고 기본소득이나 복지제도 등을 통해 혼란을 최소화할 것이다. 극단적인 대량실업 등 일어날 가능성이 낮은 상황을 미리 두려워할 필요는 없다.

비전 없는 일을 아이에게 추천하지 않으려면?

분명한 것은 4차 산업혁명이 단순한 기술발전이나 사회혁신이 아니라 사회, 경제, 문화 등 모든 것을 변화시키는 거대한 물결이라는 점이다. 특히 4차 산업혁명의 핵심기술과 관련된 직업들은 더 영향을 받게 될 것이다. 앞서 1장에서 4차 산업혁명의 핵심기술로 사물인터넷, 빅데이터, 블록체인, 3D프린팅, 자율주행차를 비롯한 스마트 모빌리티, 인공지능 등을 들었다. 가령 블록체인은 중간매개자 없이 개인과 개인 간의 거래나 계약을 가능하게 하는 기술이므로 이 기술이 상용화되면 은행원이나 부동산 중개인의 수요는 대폭 줄어들 것이다. 그리고 자율주행차가 상용화되면 택시기사 등의 직업이 사라질 가능성이 높을 것이다. 또한 인공지능이 회사나 학교에 전면적으로 도입되면 단순 행정업무를 처리하는 사무직, 교사의 수요도 대폭 줄어들 수밖에 없을 것이다. 반면 블록체인 개발자, 자율주행차 엔지니어, 인공지능 전문가의 수요는 늘어나 전체적으로 보면 분야별 고용규모는 비슷한 수준을 유지할 수 있다. 그렇다고 하더라도 그 분야의 직업에 종사하는 사람들이 하는 일에는 근본적인 변화가 예상된다.

직업세계 변화는 불가피하다. 지금의 젊은 직장인이 현재 하고 있는 일을 10년, 20년 후에도 똑같이 계속할 거라고 생각한다면 이는 어리석은 생각이다. 학교에서는 교육이 중요하고, 직장에서는 재교육이 중요하다. 재교육이나 연수를 게을리하면 직장에서 결국 도태되거나 퇴출되고 말 것이다. 조금만 생각해봐도 어느 정도 직업세계의 미래변화를 예측할 수 있다. 변화가 뻔히 보이는데도 과거만 쳐다보고 현재만 고수하려는 사람에게는 미래가 없다. 하늘은 스스로 돕는 자를 돕고, 미래는 미래를 예측하고 준비하는 자를 돕는다.

기술시대의 돌파구, 문화예술에서 찾자

4

우리가 미처 몰랐던 문화와 예술의 힘

기술문명이 발달하면 사회가 테크놀로지 중심으로 재편되고 인간은 점점 더 기술에 의존하게 된다. 4차 산업혁명 시대가 그러하다. 인공지능, 빅데이터 등 첨단기술 관련 직업들이 각광받고 수요도 늘어날 것이므로 인문학이나 문화예술 관련 직업은 위기를 맞을 것이라 생각하기 쉽다. 하지만 좀 다른 관점에서 보면 기술문명이 발전할수록 콘텐츠나 문화예술은 더 많은 기회를 갖게 될 것이고 관련 직업들도 유망해질 것이다. 왜 그럴까.

우선 문화예술은 창의성, 감성의 영역이라 4차 산업혁명으로 인한 자동화 위험이 상대적으로 적기 때문이다. 직업세계 변화의 예측을 보더라도 전문가들이 인공지능이나 기계로 대체될 위험이 적을 것으로 꼽는 직업은 문화예술 관련 분야이거나 창의성, 감성, 사회적 소통과 협력 등을 필요로 하는 일자리다. 둘째, 기술문명이 발전하면 인간은 변화로 인한 문화의 충격을 겪게 되고, 자신을 돌아보게 되므로 인간적 영역인 문화에 더 많은 관심을 갖게 될 것이다. 셋째, 4차 산업혁명은 특정 기술이 이끄는 변화가 아니라 여러 첨단기술이 융합돼 변화를 일으키는 혁신이므로 창의융합은 중요한 변화트렌드다. 문화콘텐츠는 콘텐츠와 기술, 문화와 기술, 소프트와 하드의 융합으로 이루어지는 가장 창의적이고 융합적인 영역이다. 넷째, 미래에는 노동시간은 점점 줄어들고 여가시간은 점점 늘어날 것이다. 여가시간 증가는 곧 콘텐츠수요 증가를 뜻한다. 콘텐츠를 기획하고 만드는 기획자, 프로듀서, 창작가에 대한 수요는 늘어날 수밖에 없다. 가령 자율주행차의 예를 들어보자. 사람이 운전하지 않아도 되는 자동차가 상용화되면 차 안에서 사람은 뭘 하게 될까. 아마 업무를 보거나 아니면 영화, 게임, 영상 등을 즐길 것이다. 당연히 자율주행차 내에서 소비할 콘텐츠수요가 늘어날 수밖에 없다.

4차 산업혁명은 문화의 관점에서 보면 콘텐츠혁명이다. 인공지능 기반으로 만들어지는 콘텐츠, 모바일 콘텐츠, 메타버스 게임콘텐츠 등 미래의 콘텐츠는 기존의 아날로그 콘텐츠와는 양적·질적으로 차원이 다르며, VR·AR 기반으로 만들어지는 콘텐츠는 사용자경험의 신세계를 맛보게 해줄 것이다. 4차 산업혁명 시대는 콘텐츠가 부가가치의 원천이 되는 콘텐츠노믹스 시대이자 재미있는 스토리, 독창적 아이디어, 정교한 알고리즘, 창의적 소프트웨어 등 문화콘텐츠가 성장엔진이 되는 소프트파워 시대가 될 것이다. 전통적 인쇄매체인 신문에 종사하는 사람들은 좋은 신문을 만들기 위해서는 윤전기와 기자, 둘만 있으면 된다고 말한다. 윤전기는 기계나 기술을 가리키고 기자는 기사를 생성하는 주체다. 뭐니 뭐니 해도 저널리즘의 주체는 기자였다. 이제 인쇄매체의 시대는 저물고 있지만 새로운 콘텐츠 제작의 시대가 열리고 있다. 디지털 콘텐츠 창작기술, 문화기술 등 첨단 테크놀로지가 중요해지겠지만 본질적인 것은 콘텐츠 창작자다. 아무리 첨단기술과 최신 사양의 도구를 갖고 있어도 콘텐츠의 질을 좌우하는 것은 결국 사람이다. 따라서 미래의 콘텐츠혁명을 이끄는 것은 기술이 아니라 사람이다. 항상 사람이 먼저고 창의적 인재를 길러내는 것이 우선이다. 첨단기술도 사람이 만드는 것이고 기발한 콘텐츠도 사람이 만든다.

📌 불확실한 미래, 문화예술 직업이 뜬다!

세계적인 석학이자 토론토대 로트먼 경영대학원 리처드 플로리다 (Richard Florida) 교수는 창조경제, 창조계급(Creative class)* 개념을 주

● 이 글의 문화예술 관련 직업은 곧 창조계급을 의미한다.

창하고 정립한 사람이다. 원래 창조경제라는 용어는 플로리다가 설명하듯이 자신이 만든 용어는 아니며 영국의 경영전략가 존 호킨스(John Howkins)가 저서 《창조경제(The Creative Economy)》에서 사용한 말이다. 그는 첨단기술과 다양성의 문화를 바탕으로 창의적인 결과물을 만들어내는 사람을 창조계급이라 명명했다. 산업화시대 주역이 부르주아 계급이었다면 21세기의 주역은 창조계급이라는 주장이다. 플로리다는 저서 《신창조 계급(The Rise of the Creative Class)》에서 창조경제의 핵심산업과 창조계급의 두 범주를 다음과 같이 제시했다.[39]

창조경제의 핵심산업

연구개발(R&D), 출판, SW, TV, 라디오, 디자인, 음악, 영화, 장난감 및 게임, 광고, 건축, 공연예술, 공예, 비디오게임, 패션, 미술

창조계급

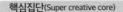

핵심집단(Super creative core)

- 순수 창조의 '핵'으로 불리는 사람들
- 과학자, 엔지니어, 대학교수, 시인과 소설가, 예술가, 연예인, 연기자, 디자이너, 건축가, 사상가, 작가, 편집인, 연구원, 분석가 등

창조적 전문가그룹(Creative professionals)

- 지식집약형 산업에 종사하는 사람들
- 하이테크 부문, 금융서비스, 법률과 보건 관련 전문직, 비즈니스 경영인 등

이들 창조계급은 미래직업 전망에 있어서 중요한 부분이며, 우리 아이들이 사회로 진출할 미래에는 더욱더 큰 역할을 하게 될 직업군이다. 창조계급은 우리가 앞서 살펴보았던 창의융합 인재의 다른 표현이라 할 수 있다.

플로리다가 창조계급으로 제시한 직업들은 고도의 전문성, 판단력, 직관력과 감성, 창의성을 필요로 하는 직업이며, 4차 산업혁명 시대의 트렌드에 부합하는 직종들이다. 미래학자들이 기계화, 자동화에도 불구하고 상대적으로 안전한 직업군으로 꼽는 직업과 상당 부분 일치한다. 물론 창조계급 리스트에 올라 있는 직업들 중 엔지니어나 법률가 등은 인공지능에 의해 어느 정도 대체될 가능성이 높지만 완전히 대체될 수는 없을 것이며 최종적인 판단과 결정은 결국 사람이 할 수밖에 없을 것이다. 기술문명 시대에는 첨단기술과 관련된 직업들이 유망한데 이들도 결국은 뭔가 창의적인 기술, 새로운 가치를 만들어내는 창조계급이다. 다양성과 폭넓은 관심을 기반으로 미래가치를 만들어내는 문화예술 관련 직업, 창조계급 등에 우리 부모님들이 더 관심을 가지는 것이 좋다.

내 아이가
프리랜서가 된다면

5

📌 앞으로 연봉, 월급이 사라진다고?

최근 고용시장의 변화트렌드 중 '긱 이코노미(Gig economy)'라는 것
이 있다. 긱 이코노미는 1920년대 초 미국의 재즈공연장에서 즉석
연주자를 섭외해 공연을 한 '긱'이라는 단어에서 유래한 경제 분야
의 새로운 트렌드다. 사회 전반의 디지털화가 진행되면서 우버나 에
어비앤비 같은 온라인 플랫폼을 통해 서비스를 제공하는 공유경제
가 생태계를 형성하고 있다. 고용시장에서도 소규모의 수요와 공급
이 연결되는 마이크로 글로벌 현상이 나타나고 있으며 프리랜서 근
로자는 필요에 따라 기업과 계약을 맺고 독립적으로 일하는 형태
가 늘어나고 있다. 이런 것이 바로 긱 이코노미로, 직보다는 업 위
주이다. 가령 직은 없고 업만 있는 근로가 늘어나고 긱 이코노미가

일반화되면 안정적 일자리보다는 전문성을 기반으로 하는 독립적 일거리를 중심으로 고용시장이 재편될 수 있을 것이다. 긱 이코노미는 플랫폼기업에 의해 점점 커질 것이다. 네이버쇼핑, 카카오택시, 배달의민족 등이 대표적인 플랫폼이다. 빅테크기업들이 운영하는 플랫폼에서는 제품과 서비스 공급자와 수요자들의 거래가 이루어지고, 이런 플랫폼을 통해 고용시장이 형성된다. 아직은 플랫폼을 통해 형성된 고용이 대리운전, 택배 등 노동법의 보호를 받지 못하는 일이 대부분이지만 앞으로는 고도의 전문적인 서비스도 플랫폼을 통해 시장이 형성되고 커질 가능성이 높다. 노동시장, 고용방식 등이 크게 변화할 것이기 때문이다.

세계미래학회의 예측에 의하면 미래에는 연봉, 월급 등 개념이 사라지고 업무상 보상체계만 남게 되며 일은 임시직 근로자와 작업지시자 사이의 협상으로 정해지고 보상은 가변적일 수 있다고 한다. 고정적이고 안정된 일자리가 줄어드는 것은 하나의 추세가 될 수 있다. 그렇다고 일거리마저 줄어드는 건 아니다. 비숙련 노동자들은 안정적 일자리를 원하지만, 전문적이고 창의적인 숙련노동자, 소위 창조계급은 오히려 한곳에 매이지 않고 여러 가지 일거리를 동시에 수행하면서 고수익을 올리기를 원한다. 유럽, 미국 등 선진국의 경우를 보더라도 전문직 고소득자는 한 직장에 매여 월급을 받으며 일하기보다 자유계약을 통해 프리랜서로 일하는 것을 선호한다. 우리나라도 이런 추세를 따라가고 있다. 예컨대 우리나라 방송계 최고 MC들은 대부분 프리랜서다. 빼어난 말솜씨와 재치 있는 진행으로 인기를 누리고 있는 전현무는 원래 KBS의 정규직 아나운서였다가 2012년 '신의 직장'을 퇴직하고 돌연 프리랜서 선언을 했다. 이후 10년 동안 비정규직 프리랜서로 〈나 혼자 산다〉, 〈K팝스타〉 등 대형 예능 프로그램들을 도맡아 진행해왔으며, 2021년 기준 회당 출연료가 정규직 아나운서 한 달 월급에 맞먹는다고 한다. 대체불가능할 정도로 뛰어난 전문가들에게는 정규직이란 것이 아무런 의미가 없다. 미래에는 뛰어난 사람일수록 정규직보다는 프리랜서를 선호하게 될 것이다. 이런 것도 미래직업 변화트렌드 중 하나다.

🖱 전문직 프리랜서, 정규직보다 비전 있다

과학기술 발전과 코로나19의 장기화로 공간에 대한 개념도 점점 퇴색하고 있다. 학교에 가지 않아도 공부할 수 있고, 회사에 가지 않고도 재택근무가 가능하며, 원격진료와 화상회의도 가능하다. 5G, IoT, 통신기술 등이 발전하면 일자리는 줄어들 수도 있지만 상시적인 오피스공간에 가지 않고도 일할 수 있는 일감이나 일거리는 늘어날 수 있다.

매일 출퇴근하고 자리를 지키면서 일하는 일자리는 산업화시대의 낡은 개념이다. 시공간의 경계가 무너지는 4차 산업혁명 시대에는 일자리 대신 일거리만 있어도 먹고살 수 있다. 일자리에만 매달리지 말고 '자리가 없는 일거리'에도 눈을 돌려야 한다. 자기 시간을 자율적으로 조정할 수 있는 전문직 프리랜서에 대한 선호도는 점점 높아질 것이다. 정규직, 평생직장이라는 고정관념은 결국 역사 속으로 사라질 수 있다. 창조계급은 긱 이코노미라는 트렌드와 잘 어울린다. 전문적 직종이나 창의적 업무의 경우는 재택근무나 자유계약으로도 충분히 가능하다. 창조계급에 해당하는 직업군에서는 일자리도 늘어나고 프리랜서도 더 많아질 가능성이 크다.

수학이 대세인 세상, 미래에 필요한 수학[40]

📌 수학을 모르면 세계를 이해하지 못한다

지금 우리는 숫자로 이루어진 세상에서 살고 있다. 매일매일 숫자를 접하면서 세상의 변화를 읽는다. 코스피·코스닥 지수로 경기를 체감하고, 아파트시세로 경제를 전망한다. 다우존스·나스닥 지수를 보면 미국경제가 호황인지 불황인지 어느 정도 파악할 수 있다. 일기예보에는 온도, 습도는 물론이고 시간대별 강우확률까지 숫자로 제시한다. 통장잔고, 지하철 시간표도 숫자고 주민등록번호, 계좌번호도 숫자로 구성된다. GDP, 물가지수, 기대수명, 지능지수 등 세상과 삶은 온통 숫자로 가득하다.

숫자로 이야기할 때 사람들은 좀 더 객관적으로 현상을 파악할

● 이 글은 필자의 머니투데이 칼럼 '뉴머러시, 디지털 시대의 문해력'을 바탕으로 다시 쓴 글이다.

수 있다. 비슷한 설명이라도 수치로 된 근거를 제시하면 훨씬 설득력이 높아진다. 가령 일기예보에서는 예보정확도를 표시하고자 객관적으로 예측된 강수확률을 사용해 '오늘 비가 올 확률은 50%'라는 식으로 발표한다. '강수확률이 50%'라고 발표하면 그게 비가온다는 건지, 안 온다는 건지 판단하기는 어렵다. 하지만 '오늘 비가 올 수도 있고 안 올 수도 있다'라고 하는 것보다는 신뢰감을 준다. 일상에서 사용하는 말 중에도 확률적인 표현이 많다. 십중팔구는 80~90%, 백발백중은 100%, 구사일생은 10%의 생존율을 가리킨다. 물 반 고기 반, 오십보백보, 운칠기삼, 칠전팔기 등 숫자나 확률과 관련된 표현은 부지기수로 많다. 보험이나 카지노, 경마, 복권 등은 모두 확률계산을 바탕으로 하는 사업모델이다. 코로나19 이후 하루 확진자수를 확인하는 것은 일상이 되어버렸고, 팬데믹 치명률을 통해 우리는 바이러스 위험도를 짐작할 수 있다. 확률적 수치는 미래를 예측할 수 있게 해주고 우리의 행동을 결정하는 데 큰 도움이 된다. 입사시험, 대학입시의 경쟁률을 보면 합격가능성이 어느 정도 있는지 가늠할 수 있고, 내일 강수확률을 보고 우산을 가져갈지 무슨 신발을 신고 어떤 옷을 입고 나갈지를 결정한다.

숫자에 대한 감각이 뛰어나면 세상의 변화를 읽고 적응하는 데 도움이 된다. 앞으로는 숫자에 대한 감각이 높을수록 좋다. 일찍이 《투명인간(The Invisible Man)》과 《타임머신(The Time Machine)》 등 본격적인 SF장르의 소설을 쓰기 시작했던 작가 허버트 조지 웰스

(Herbert George Wells)는 "언젠가는 숫자를 올바로 이해하는 능력이 읽기나 쓰기처럼 유능한 시민이 되기 위해 꼭 필요할 것"이라고 예견했는데, 오늘날이 바로 그 '언젠가'다. 디지털혁명 시대에는 '뉴머러시(Numeracy)'가 중요하다. 뉴머러시란 숫자를 이해하고 해석하는 능력이다. 리터러시는 문해력이고 뉴머러시는 수해력이다. 빅데이터, 인공지능이 빠르게 발전하는 디지털시대에는 숫자가 더더욱 중요하다. 디지털이란 용어 자체가 숫자를 의미한다. 사전에서는 디지털을 '여러 자료를 유한한 자릿수의 숫자로 나타내는 방식'이라 정의하고 있다. 영어의 디지털은 0과 1의 숫자로 표시해 저장할 수 있는 정보를 말한다. 프랑스어에서 디지털을 의미하는 '뉘메릭(Numérique)'은 '숫자의' 또는 '숫자로 나타낼 수 있는 정보'란 뜻이다.

🖱 수해력, 안정적 직업으로 가는 지름길

산업혁명 시대에 가장 중요한 자원은 석탄, 석유 등 화석연료였고, 21세기 4차 산업혁명 시대에서 가치의 원천은 데이터라 할 수 있다. 데이터는 가치를 만들고 산업의 기반이 되는데 대부분 숫자로 이루어져 있다. 데이터가 고부가가치를 창출하기 때문에 데이터경제, 데이터노믹스라고도 한다. 데이터를 읽고 해석하는 능력은 점점 중요해질 것이다. 데이터는 마케팅, 미래전략, 미래예측의 기반이기 때문이다. 따라서 숫자나 데이터를 기반으로 하는 직업이 많아질 것이고 유망해질 것이다. 데이터해석의 출발은 곧 수해력이다.

수학과 관련된 미래직업들로는 어떤 것이 있을까. IT, SW 분야는 알고리즘을 기반으로 하고 알고리즘은 수학적 사고를 필요로 한다. 빅데이터 전문가, 블록체인 개발자, 사물인터넷 개발자, 인공지능 엔지니어, 로봇공학자 등을 들 수 있다. 이런 기술로 인해 파생되는 서비스 전문가에 대한 수요도 늘어날 것이다. 드론조종사, 화이트해커, 자율주행차 엔지니어, 디지털 포렌식 전문가, 3D프린터 엔지니어, 사이버보안 전문가, 홀로그램 전문가, VR·AR 전문가, 영상특수효과 전문가, 미디어 콘텐츠 전문가 등이다.

미래 유망직업 200만 개 중 40만 개가 수학 관련 일자리라는 미국의 연구발표도 있었다. 암호학, 알고리즘, 빅데이터, 인공지능 등은 모두 수학을 기반으로 한다. 빅데이터 분석가, 인공지능 개발자, 암호학자, 보안전문가, SW개발자, 데이터 기반 미래예측 전문가, 우주인 등 미래 유망직종들은 수해력과 수리능력을 필요로 한다. 산업혁명 시대에 가장 기본적인 소양이 문해력이었다면 4차 산업혁명 시대에는 수해력이 필수다. 자연과학, 공학, 데이터과학 등과 관련된 진로를 원한다면 수학을 잘해야 한다.

빅데이터 시대 맞춤 추천! 수학 관련 유망직업

과목 중에 호불호가 가장 갈리는 과목은 단연 수학일 것이다. 사실 학생들 중에는 '수포자(수학을 포기한 자)'들이 엄청나게 많고 학년이 올라갈수록 점점 많아진다. 그만큼 수학은 재미를 붙이기가 어렵고 결코 쉽지 않은 과목이다.

수학이 중요한 것은 분명하지만 수학이 전부는 아니다. 아이가 수학에 재능이 없는데도 억지로 수학에 매달릴 필요는 없다. 수학 말고도 다른 길은 많이 있다. 하지만 그런 정도로 수학이 싫지 않다면 수학에 좀 더 많은 시간과 노력을 투자하는 것이 좋다. 빅데이터와 인공지능의 시대에 수해력의 중요성은 아무리 강조해도 지나치지 않기 때문이다. 자녀가 수학에 관심과 재능이 있다면 미래 희망직업으로 수학 관련 직업을 진지하게 고려해보는 것을 추천한다. 디지털사회는 비트에 기반한 사회고 비트란 Binary Digit(이진수)의 준말이다. 즉 디지털혁명의 기반이 수학일 수밖에 없고, 수학을 잘하는 사람은 전쟁터에 비유하자면 엄청난 화력의 무기를 갖고 있는 병사다. 4차 산업혁명이 가속화될수록 수학 관련 직업들은 많아질 것이다.

개인적으로 필자가 추천하고 싶은 수학 관련 유망 직업은 '산업수학 전문가'와 '데이터 분석가'다. 산업수학이란 산업현장의 여러 가지 문제를 수학적으로 해결하거나 수학이론을 산업에 적용하는 응용수학을 말한다. 기하학, 확률, 통계, 행렬, 대수학 등의 수학이론을 산업, 의료, 금융, 비즈니스 등에 적용하면 엔지니어링 설계, 에너지효율 측정, 자연재해 예측, 금융 파생상품 개발 등 다양한 분야에 활용이 가능하다. 프랜시스 베이컨은 "수학을 모르는 자는 세계를 이해하지 못한다"라고 말했는데 4차 산업혁명이 야기하는 세상이 바로 그런 세상일 것이다.

데이터 분석가도 앞으로 매우 유망한 분야다. 특히 기업경영에서 데이터는 엄청난 자산이고 데이터경영은 선택이 아니라 필수다. 고객관계 관리나 마케팅, 수요분석 등을 위해서는 데이터의 정확한 분석이 필요불가결하기 때문이다. 데이터 분석가는 데이터 분석이론과 방법론, 모델링 등을 전문적으로 하는 데이터 과학자, 비즈니스 요구에 부합하도록 데이터를 수집·분석하는 데이터 애널리스트, 데이터를 기반으로 마케팅을 하는 빅데이터 마케터 등으로 나눌 수 있다. 데이터 분석가가 되기 위해서는 파이선이나 R프로그램 등 코딩 및 통계지식을 익혀야 한다. 코딩도 잘하고 수학도 잘한다면 미래에 할 수 있는 일은 무궁무진할 것이다.

사라질 직업과 살아남을 직업, 새로 태어날 직업

7

🖱 디지털세대 아이에게 맞는 직업선택의 비결

4차 산업혁명과 대지털 대전환으로 직업세계의 변화는 불가피하다. 한국고용정보원, 한국직업능력연구원, 한국과학기술기획평가원 등 정부출연 연구기관들은 직업세계의 변화전망과 미래 유망직업·신직업 등에 대해 수시로 보고서를 발표하고 있다. 언론은 언론대로 미래직업 전망에 대한 기획기사를 자주 다루고 있고, 미래직업 전망에 대한 신간 서적이나 해외 연구소에서 발표되는 보고서도 적지 않다. 내용을 비교해보면 유사한 점도 있고 차이점도 있다. 어떤 예측이 맞을지는 누구도 알 수 없다. 예측은 어디까지나 예측이다. 그럼에도 불구하고 이런 직업전망에 최대한 관심을 가져야 하며 전문가들의 목소리에도 귀 기울여야 한다.

일본의 기업가이자 베스트셀러 작가 호리에 다카후미(堀江貴文)와 미디어 아티스트이자 쓰쿠바대 부교수 오치아이 요이치(落合陽一)가 공저한 《10년 후 일자리 도감》에는 'AI 세대를 위한 직업 가이드북'이라는 부제가 붙어 있는데, 일하는 방식의 변화와 기술발전으로 인해 사라지거나 줄어드는 일과 새로 생겨나거나 늘어나는 일을 소개하고 있다.[41]

사라지거나 줄어드는 일로는 관리직, 비서, 현장감독 등을 들고 있다. 가령 관리직은 AI로도 충분할 것이고, 비서는 완전히 사라지지는 않겠지만 그 업무가 한정될 것이다. 인간이 데이터나 AI를 더 신뢰하게 되면, 영업직 일자리는 점점 줄 것이지만 수완이 좋고 고객신뢰를 얻는 세일즈맨은 끝까지 살아남을 것이다. 작업장에서 몸을 쓰는 작업노동자는 AI로 대체할 수 없지만 현장감독은 AI로 대체될 수 있으며 스포츠감독도 마찬가지다. 또한 지금은 수요가 많은 엔지니어들도 점진적으로 AI로 대체될 것이고, 변호사, 회계사, 세무사, 노무사 등 데이터와 법률적 판단을 기반으로 하는 전문직들은 AI로 대체될 가능성이 크다. 전자정부 서비스가 늘어나면 사람이 하는 행정업무가 줄어들기 때문에 공무원수도 대폭 줄어들 수 있다. 의사의 경우에는 진단업무는 AI에게 맡기고 환자를 보살피거나 수술에 전념하는 등 하는 일이 완전히 달라질 수 있다. 은행원, 운전기사, 번역가, 고객응대 서비스직, 편집교정인 등은 점차 사라질 수 있는 직업들이다.

반면 **새롭게 생겨나거나 늘어나는 일들도 적지 않다.** 대부분의 일이 기계화되면 인간만이 할 수 있는 일, 가령 쇼비즈니스, 세상에 하나밖에 없는 물건을 만드는 고도로 숙련된 장인, 대기업 프랜차이즈와는 차별화되는 개인 레스토랑 등은 오히려 가치가 높아질 것이다. 드론조종사, AI제어 전문가, 음성인식기술 전문가 등 첨단기술 관련 전문가도 유망한 직종이다.

▶️ 부모님의 시야를 넓혀줄 미래예측 실전법

조금만 관심을 갖는다면 뉴스를 통해서도 직업세계의 변화를 접할수 있고, 논리적으로 판단해보면 미래예측을 직접 해볼 수 있다. 가령 최근에 읽은 다음 기사를 한번 보자.[42]

"로봇에 일자리를 뺏기고 4개월 이상 놀고 있는 실업자수가 36만 명에 육박했다. 반면 중소기업은 적당한 인력을 구하지 못해 오히려 구인난을 겪고 있다. 고용시장 회복은 대기업에 집중됐다. 21일 한국은행이 발간한 '코로나19의 상흔: 노동시장의 세 가지 이슈'라는 제목의 BOK이슈노트에 따르면 코로나19 이후 △자동화 가속화 △실업의 장기화 △고용집중도 상승 등이 고용시장의 문제로 대두되고 있다. 코로나19로 대면 서비스업이 가장 큰 타격을 받았는데 햄버거,

커피 등 일부 외식업종에선 근로자수를 줄인 대신 키오스크 등 자동화 시스템을 도입하면서 자동화에 따른 일자리감소가 가속화됐다. 코로나19 이전엔 자동화확률이 10%포인트 높아지면 대면 서비스업 고용증가율이 0.86%포인트 낮아졌는데 코로나19 이후엔 이 수치가 1.39%포인트 감소로 충격이 커졌다. 코로나19로 타격을 입은 근로자직군의 상당수가 로봇으로 대체가능한 경우가 많았던 데다 과거 메르스 등 감염병이 확산 당시에도 로봇도입이 가속화된 바 있다. 실제 키오스크는 2018년까지만 해도 1만 대에서 작년 2만 대로 급성장했다."

물론 코로나19라는 특수한 상황도 있지만, 팬데믹이 아니더라도 패스트푸드, 기차역, 은행 등에서 키오스크 등 무인화기계 도입이 확대될 것이고 이로 인한 관련 일자리감소는 충분히 예견이 가능한 일이다. 회사 입장에서 보면, 초기투자는 많더라도 장기적으로는 업무효율성도 높아지고 비용도 절감될 수 있을 것이다. 그렇게 되면 키오스크 개발자, 마케팅직원, AS 엔지니어 등 자동화 관련 일자리는 늘어날 것이다.

🐾 고용 전문가가 추천하는 잘나갈 신직업 총정리

한국고용정보원에서 발간한 최신 미래직업 보고서로 〈함께할 미래, for 2030 신직업〉이 있다.[43] 이 보고서는 청년세대가 미래를 개척하기 위해 참조하면 도움이 될 새로운 직업들을 소개한다. 첫 번째 파트는 새로운 분야에 종사 중인 2030세대와의 인터뷰를 통해 신직업을 소개하는 내용이고 두 번째 파트는 첨단기술, 문화콘텐츠 및 스포츠, 사업서비스, 개인서비스 등 4개 분야의 28개 신직업에 대한 정보를 제공하고 있다. 80여 쪽으로 분량이 길지 않고 내용도 어렵지 않다. 특히 신직업을 선택한 10명의 청년이 들려주는 생생한 경험담과 청년의 눈으로 보는 직업전망 등이 담겨 있어 자녀와 함께 읽어보고 대화해본다면 자녀의 진로모색에 많은 도움이 될 것이다.

보고서에서 소개한 10명 청년의 신직업은 감성인식기술 전문가, 빅데이터 전문가, 드론축구 선수, 디지털 헤리티지 전문가, 가상현실 전문가, 스포츠심리 상담사, 기술문서 작성가, 유전체 분석가, 자동차튜닝 엔지니어, 크루즈 승무원 등이다.

두 번째 파트에서 소개하는 28개의 신직업 중 눈에 띄는 몇 가지를 살펴보면 다음과 같다.

홀로그램 전문가
홀로그램을 이용한 전시, 공연, 마케팅 관련 콘텐츠의 기획, 촬영, 편집, 설치 등을 한다.

상품·공간 스토리텔러
고객의 감성을 자극할만한 스토리를 발굴해 콘텐츠를 개발하고 상품화한다.

소셜미디어 전문가
기업의 소셜미디어 계정을 개설하고 관리한다.

웹툰번역가
국내 웹툰작품을 외국어로 번역하거나 외국어만화를 웹툰형식에 맞게 한국어로 번역한다.

모바일광고 기획자
광고주의 요구, 의도를 반영해 모바일에 연계된 매체의 광고를 기획한다.

반려동물 행동상담원
반려동물의 행동교정 프로그램을 설계하고 반려동물을 훈련시킨다.

업사이클링 전문가
사용가치가 낮은 제품을 새롭게 디자인 및 제작해 활용도를 높이고 상품가치를 배가시킨다.

대부분 최근에 생겨나기 시작한 직업들이다. 지금은 없지만 새롭게 생겨날 직업은 앞으로 점점 많아질 것이다. 사회변화와 기술발전의 주기가 점점 짧아지면서 새로운 직업에 대한 관심과 수요가 커지고 있기 때문이다. 한국고용정보원, 한국직업능력연구원 등의 연구기관이나 민간기업에서 발간하는 연구서, 기관기업에서 운영하는 포털의 직업정보를 수시로 참고하자. 자녀의 미래 일자리에 대한 유용한 정보와 인사이트를 얻을 수 있다.

취업하지 않는 것도
방법이다°44

8

🖱 미래를 만드는 사람, 미래에 끌려가는 사람

창조경제 정책에 박차를 가하던 2013년 말경, 박근혜정부 시절이었다. 미래창조과학부 산하 준정부기관이던 한국과학창의재단은 한중일 3국의 성인 3,000명을 대상으로 '한중일 창의문화 인식비교'라는 조사를 한 적이 있다.[45] 당시 필자는 조사연구의 실무 책임자였다. 그때의 조사결과는 가히 충격적이었다. '사회가 창업을 장려하는 분위기다'라고 응답한 비율은 일본은 18.7%, 한국은 23.4%인데 중국은 75.2%나 되었다. '창업에 도전해볼 만하다'는 답변은 중국 29.6%, 일본 8.2%인데 한국은 4.9%에 불과했다. '창업에 도전해볼 수 있지만 위험이 크기 때문에 신중해야 한다'는 답변은 중국

● 이 글은 필자의 한국대학신문 칼럼 '창업 열기와 고시 열풍'을 바탕으로 다시 쓴 글이다.

40.8%, 일본 55%, 한국 72.6%였다. 특히 중국과 한국의 격차는 확연했다. 중국인들은 전반적으로 창업의 위험에도 불구하고 해볼 만한 것으로 인식하는 반면, 한국인들은 창업신중론이 대세였다.

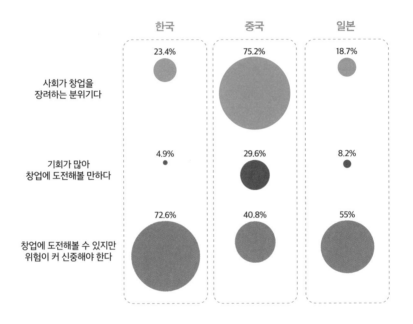

당시 조사결과가 충격적이어서 보도자료를 작성해 배포했고 언론에서는 이를 크게 보도해주었다. 그 결과에는 창업인식 조사뿐 아니라 국정목표였던 창조경제에 대한 인식조사도 있었는데, 정부가 엄청난 정책홍보를 했음에도 불구하고 정작 창조경제에 대한 인지도는 매우 낮게 나타나 그 결과도 언론에 보도됐다. 창조경제에 대한 낮은 인식이 기사로 나가자 청와대가 발칵 뒤집혔다. 이제는 말할 수 있는 과거지사지만 청와대 과학기술보좌관실에서 긴급호출을 했고 정부예산으로 운영되는 공공기관에서 정부정책에 비판적인 내용을 언론에 배포했다고 호되게 질책을 당했던 기억이 있다.*

그로부터 어언 8년이 지났지만 한국에서는 여전히 창업문화가 확산되고 있지는 않은 것 같다. 대학졸업 후 스타트업 창업을 하거나 아니면 아예 새로운 직종을 만들어 창직을 하는 도전적인 청년들은 극소수고, 미래가 불확실해지다 보니 오히려 대기업이나 공공기관, 공무원 등 안정적인 직장이나 고소득 전문직에 대한 선호도가 높아지고 있다.

☛ 조건 없이 믿어주는 부모, 알아서 잘되는 아이

4차 산업혁명의 변화는 점점 빨라지고 불확실성은 커질 것이며 직업세계도 급변할 것이다. 경영학의 대가 피터 드러커(Peter Ferdinand Drucker)는 "미래를 예측하는 가장 좋은 방법은 미래를 창조하는 것"이라고 말했다. 취업만이 능사는 아니다. 창업, 창직도 대안이 될 수 있다. 취업시장은 레드오션이고 창업, 창직은 블루오션이다. 가령

---

* 한 일간지에서 크게 기사화했지만 현재 온라인에서 검색이 되지 않는다. 정치적인 이유로 온라인에서 기사를 내렸던 것으로 기억하고 있다.

미국의 MIT는 매년 연례보고서에서 졸업생들이 세상에 없었던 새로운 일자리를 얼마나 만들어냈는가 하는 통계를 자랑스럽게 발표하고 있다.

미래에 절대적으로 안전한 직장은 없다. 대기업도 더 이상 안정적인 직장이 아니다. 전문성과 경쟁력을 가진 인재라면 안정적인 직장보다는 도전적인 블루오션에 뛰어드는 것도 충분히 해볼만하다. 취업만이 답이 아니다. 취업하지 않고 프리랜서 전문가로서 1인창업을 할 수도 있고, 협동조합을 만들거나 스타트업을 공동창업할 수도 있다. 지금은 존재하지 않지만 미래에 수요가 늘어날만한 직업을 만드는 창직도 진지하게 고려할 수 있다.

창업이나 창직은 실패의 위험을 무릅쓰는 매우 위험한 일이다. 하지만 위험을 감수하지 않고서는 성공을 바랄 수 없다. 작가이자 교육학 교수인 레오 버스카글리아(Leo Buscaglia)는 이렇게 말했다. "산다는 것은 죽는 위험을 감수하는 일이고, 희망을 갖는 것은 절망의 위험을 무릅쓰는 일이다. 인생에서 가장 큰 위험은 아무 위험도 감수하지 않는 것이다." 지금의 대학생들은 취업이라는 당면과제에 직면해 있고 미래가 불확실해서 안정적인 트랙을 선호하고 보수적인 태도를 취할 수 있을 것이다. 하지만 아직 미래를 준비할 시간이 많은 아이들의 경우 그래서는 안 될 것이다. 우리 아이들은 어릴 때부터 미래직업을 충분히 고민하면서 진취적이고 도전적인 꿈을 갖는 것이 좋다. 창업이나 창직도 충분히 좋은 선택지가 될 수 있다. 부모는 아이들이 스스로 더 큰 꿈, 도전적인 목표를 가질 수 있도록 격려하고 믿어주는 역할을 해야 한다. 미국 퍼듀대와 갤럽이 3만 명의 대학졸업자를 조사한 연구결과(2015년)에 따르면 정서적 지지, 즉 '나를 믿어주는 사람'의 존재여부가 삶의 성공여부에 큰 영향을 미치는 것으로 나타났다고 한다.[46] 아무 조건 없이 나를 있는 그대로 지지하고 믿어주는 사람이 부모라면, 아이에게 그보다 더 힘이 되는 일은 없을 것이다.

진로설계 일순위는 대체불가 직업 찾기

9

📌 부모가 멀리 볼수록 아이의 출발선이 달라진다

앞서 연구보고, 언론기사, 미래직업 예측서 등을 통해 사라지거나 줄어드는 일자리와 새롭게 만들어지거나 늘어나는 일자리들을 살펴보았다. 하지만 여전히 미래를 뚜렷하게 가늠하기는 어렵다. 아무리 전문적인 미래학자라고 할지라도 미래직업에 대해 자신 있게 전망할 수는 없다. 미래를 정확히 예측하는 것은 불가능하며 그것은 인간의 능력을 넘어서는 일이다. 또한 전문가의 직업예측이나 미래직업 전망에 대한 연구결과가 서로 다르게 나오는 경우도 많다. 우리나라에 현존하는 직업의 종류는 약 1만 1,000개 정도다. 이 많은 직업들 하나하나에 대해 전망을 따져볼 수도 없거니와 새롭게 생겨날 직업에 대해서는 누구도 장담할 수 없다. 그럼에도 불구하고 미래예측은 필요하고 유용하다. 나태주 시인은 "자세히 보아야 예쁘다. 오래 보아야 사랑스럽다"고 노래했다. 미래직업에 대한 예측도 자세히 그리고 오래 살펴보고 연구해야 좀 더 확신을 가질 수 있다. 기술은 변화하고 직업도 변화한다. 미래직업에 대한 예측도 환경변화에 따라 수시로 바뀔 수 있다. 몇 편의 보고서, 몇 권의 책을 읽고 섣불리 미래직업을 전망할 수는 없는 법이다.

미래 유망직업에 가장 큰 영향을 주는 것은 기술발전과 사회문화 변화다. 따라서 첨단기술 발전의 동향과 사람들의 라이프 스타일 및 문화트렌드 변화에 민감해야 미래직업에 대해 객관적이고 시의적절한 판단을 할 수 있을 것이다.

2016년에는 구글 딥마인드가 개발한 인공지능 알파고와 천재 바둑고수 이세돌의 세기의 바둑대결이 있었다. 주지하다시피 결과는 알파고의 압도적인 승리였고 인간의 패배였다. 많은 전문가들이 이세돌의 승리를 예측했었기에 당시 결과는 매우 충격적이었고, 이를 알파고쇼크라고 부른다. 알파고쇼크 직후, 한국고용정보원은 우리나라 주요 직업 400여 개 가운데 인공지능과 로봇기술 등을 활용한 자동화에 따른 대체확률이 높은 직업과 낮은 직업을 분석하여 발표했다.[47]

당시 연구결과는 알파고쇼크의 여파가 계속되던 때라 언론을 통해 대서특필되었고 엄청난 사회적 관심을 끌었다. 자동화에 따라 직무의 상당 부분이 인공지능과 로봇으로 대체될 위험이 높은 직업은 콘크리트공, 정육원 및 도축원, 고무 및 플라스틱 제품조립원, 청원경찰, 조세행정 사무원 등의 순이었다. 반면 화가 및 조각가, 사진작가 및 사진사, 작가 및 관련 전문가, 지휘자, 작곡가 및 연주자, 애니메이터 및 문화가 등 감성에 기초한 예술 관련 직업들은 자동화에 의한 대체확률이 상대적으로 낮게 나타났다.

이 연구결과에서 우리가 주목해야 하는 것은 개별 직업들의 위험도가 아니다. 어떤 직업이 위험하고 어떤 직업은 상대적으로 안전한지 개별 직업을 확인하는 것이 중요한 게 아니라 '판별기준'이 중요하다. 대체확률이 높은 위험한 직업은 업무를 수행하기 위해 단순반복적이고 정교함이 떨어지는 동작을 하는 직업이고, 상대적으로 안전한 직업은 감성에 기초한 예술 관련 직업이다. 이런 기준을 모든 직업에 일반화시켜 적용할 수는 없겠지만 유망직업 판단에 있어서 중요한 시사점이 될 수 있다.

▣ 로봇이 절대 못 빼앗는 직업이 있다?

사실 한국고용정보원이 직업들을 분석할 때 사용했던 분석모형은 영국 옥스퍼드대 연구팀이 개발한 모형이다. 옥스퍼드대 마틴스쿨에서 미래기술 영향을 연구하는 칼 프레이와 마이클 오스본 교수가 2013년에 제안했던 직업분석모형인데, 미래직업 연구 및 분석에서 가장 많이 인용되고 활용된다. 프레이와 오스본 교수팀은 인공지능과 로봇기술로 인한 자동화로 700여 개 직무들이 대체될 가능성을 정량적으로 분석해 0과 1 사이의 수치로 제시했다.[48] 0은 대체가능성이 없는 안전한 직업을 의미하고 1은 대체가능성이 100%로 위험한 직업임을 뜻한다.

대체확률이 높은 가장 위험한 직업은 시계수리공, 텔레마케터, 보험사정인 등으로 0.99점이고, 부동산 중개인, 카메라 및 사진장비 수리공, 캐셔(계산원)도 0.97점으로 위험한 직업으로 조사됐다. **비교적 안전한 직업**은 역사학자(0.44점), 경제학자(0.43점), 판사(0.4점)였다. **자동화 대체확률이 거의 없는 안전한 직업**은 메이크업 아티스트(0.01점), 재활상담사(0.0094점), 성직자(0.0081점), 큐레이터(0.0068점), 치과의사(0.0044점), 레크리에이션 치료사(0.0028점) 등이었다. 물론 이런 수치를 완전히 믿을 수는 없겠지만 대체적인 경향성은 충분히 고려해볼 수 있다.

한국고용정보원에서도 이 모형을 이용해 한국의 주요 직업군의 자동화 대체가능성을 분석했다. 이 연구에서 고려된 주요 변수는 정교한 동작이 필요한지, 비좁은 공간에서 일하는지, 창의력이 얼마나 필요한지, 예술과 관련된 일인지, 사람들을 파악하고 협상·설득하는 일인지, 서비스 지향적인지 등이라고 연구팀은 밝혔다.

원래 옥스퍼드대 연구팀이 제시했던 컴퓨터화의 장애요인, 즉 자동화를 어렵게 만드는 요인은 다음과 같다.

지각 및 조작	정교한 손가락 움직임
	손재주
	좁은 작업공간 및 불편한 자세
창의적 지능	독창성
	순수예술
사회적 지능	사회적 지각
	협상
	설득
	타인에 대한 배려 및 보살핌

　정교한 손가락 움직임이나 손재주가 필요한 작업, 독창적인 순수예술, 사회적 관계 기반의 업무 등은 자동화가 되기 어렵다는 뜻이며, 이런 특징을 가진 업무는 인공지능 기계가 아니라 인간이 해야 하는 직업이라는 것이다.

　요컨대 창의력을 필요로 하거나 정교한 동작이 필요한 일, 예술적인 작업, 협상이나 설득, 대인서비스 등에 해당하는 직군은 미래 유망직업으로 볼 수 있을 것이다. 미래 유망직업군은 크게 다음과 같은 세 가지 범주가 될 것 같다. 첫째는 인공지능, 로봇, 빅데이터 등 4차 산업혁명의 첨단기술과 관련된 직업군, 둘째는 기계나 인공지능으로 인한 자동화의 영향을 상대적으로 적게 받는 직업군, 셋째는 감성, 공감, 배려 등 인간성을 필요로 하고 인간만이 할 수 있는 직업군이다.

진로 로드맵 그리기 전에
반드시 유념할 것

10

 아이가 꿈이 없거나, 부모의 꿈과 다르다면?

지금까지 함께 살펴보았던 이야기들은 자녀의 미래직업을 모색하기 위해 도움이 되는 정보와 지식이다. 맛있는 요리를 만들기 위해서는 세 가지가 필요하다. 첫째는 좋은 재료, 둘째는 좋은 조리도구, 셋째는 요리기술이다. 미래를 예측하고 전망하기 위해서도 세 가지가 필요하다.

1. 좋은 정보와 유용한 지식
2. 미래예측과 전망의 관점이나 기법
3. 지식정보를 갖고 적절한 방법으로 분석해서 만족스러운 결론을 도출해내는 기술

우리 아이들에게 맞는 미래직업을 찾는 것은 매우 어려운 작업이고, 정답이 있는 것도 아니다. 우선은 미래직업에 대한 충분한 정보와 지식을 모아야 한다. 그리고 미래학자, 인재 전문가들이 제시하는 미래에 대한 관점, 객관적으로 미래를 예측하는 방법 등을 숙지해야 한다. 마지막으로 이 둘을 적절하게 사용하여 부모와 자녀가 함께 머리를 맞대고 만족스러운 결론을 내야 한다. 좀 더 자세히 얘기해보겠다.

신선하고 좋은 재료가 없으면 맛있는 요리를 만들 수 없다. 마찬가지로 미래에 대한 바람직한 결론을 도출하려면 미래트렌드, 교육의 변화, 4차 산업혁명, 첨단과학 기술의 동향 및 직업의 변화 등에 대해 충분히 공부해야 한다. 직업과 학과에 대한 객관적인 정보, 유용한 지식이 필요하며, 관련 지식과 정보는 수시로 업데이트해줘야 한다. 직업세계는 기술변화나 사회변동에 따라 빠르게 변화하기 때문이다.

다음은 직업에 대한 분명한 관점, 미래 유망직업의 판단기준 등 적절한 방법론이 필요하다. 관점이나 기준은 집을 지을 때의 초석이나 기반과 같은 것이다. 기초가 튼튼하지 못하면 그 위에 지은 집은 오래가지 않는다. 분명한 관점이나 기준이 없이 선택한 희망직업은 오래 지속될 수 없다. 내가 어떤 사람이 되고 싶은지, 어떤 일을 하고 싶은지에 대해 자신의 확고한 생각을 갖는 것이 무엇보다 중요하다.

그다음은 좋은 결론에 이르는 과정이 중요하다. 부모가 원하는 직업을 자녀에게 강요해서는 안 되고 그럴 수도 없다. 아무리 유망한 직업이라 하더라도 자녀에게 안 맞는 일을 억지로 시킬 수는 없다. 부모 욕심대로 자녀 몸에 맞지 않는 옷을 입힐 수는 없다. 부모와 자녀가 함께 만족할 수 있는 결론에 이르는, 민주적이고 합리적인 과정이 그 무엇보다 중요하다. 부모와 자식은 세대가 다르며 그 차이는 결코 무시할 수 없다. 세상과 인생에 대한 가치관은 다를 수밖에 없다. 부모 세대의 가치관을 자식들에게 강요할 수는 없다. 문제는 자녀가 원하는 희망직업과 부모가 원하는 직업이 다른 경우다. 부모와 자식이 같은 직업을 원하는 경우는 그리 많지 않다. 서로 의견이 다를 때 어떻게 해야 할까.

몇 년 전, 한 어린이신문에서 전국의 초등학생 659명과 학부모 930명 등 총 1,589명을 대상으로 희망직업을 조사한 적이 있다.[49] 그 결과를 보면 어린이가 원하는 직업과 부모님이 원하는 직업은 확연히 차이가 나는 것을 확인할 수 있다. 학부모가 원하는 직업은 1위가 교수·교사, 2위 공무원, 3위 과학자·연구원, 4위 의사·간호사, 5위 판사·변호사였다. 대부분 산업사회에서 선호하던 직업들이고 안정적인 직업이다. 하지만 아이들은 달랐다. 2위가 과학자·연구원, 3위 연예인, 4위 의사·간호사였고, 교수·교사와 운동선수는 공동 5위였다. 놀랍게도 1위는 '기타'였는데, 선택지에 자신이 희망하는 직업이 없었기 때문이라고 한다. 만약에 아이들의 생각이나 취향이 더욱 다양해진 지금 이런 조사를 다시 한다면 부모와 자식 간 미래직업 선호도는 더더욱 차이가 날 것이다. 직업의 스펙트럼은 갈수록 더 넓어지고 있기 때문이다.

◤ 스스로 미래를 만들어내는 아이로 키우자

부모가 기성세대 관점과 인식으로 아이들의 미래직업을 선택해서는 안 된다. 결국 미래에 그 직업을 갖고 살아가는 것은 아이들이다. 아이들이 좋아하는 일과 잘하는 능력을 찾고 그것과 가장 잘 맞는 직업을 찾는 것이 중요하다. 물론 아이들은 인생 경험이 부족하고 미래에 대한 비전도 없을 수 있기 때문에 직업에 대한 뚜렷한 주관을 갖기는 어렵다. 그럼에도 불구하고 아이들의 생각이 중요하고 아이들 중심으로 생각해야 한다. 아이들이 좋아하는 일이 먼저고, 잘할 수 있는 일이 두 번째다. 이 둘이 일치한다면 그것은 엄청난 행운이고 행복이다.

부모와 자녀가 자주 미래를 이야기하고 직업에 대해서도 많은 대화를 나누는 것이 좋다. 자신이 좋아하고 잘할 수 있는 일을 가장 잘 아는 것은 자기 자신이고, 결국은 자신이 선택해야 한다. 자녀가 직업을 선택하는 과정에서 부모는 최대한 멘토의 역할을 해야 한다. 자녀를 가장 가까이서 관찰하면서 자녀의 잠재적인 재능을 찾아내 자녀 입장에서 조언해주어야 한다. 부모의 생각을 자식에게 강요하는 학부모가 아니라 자식의 생각을 존중하고 함께 고민해주는 부모가 돼야 한다. '부모와 학부모의 차이'를 보여주는 오래전 공익광고의 한 문구가 떠오른다. 우리 부모님들이 한번 생각해볼 내용이다. "부모는 멀리 보라 하고, 학부모는 앞만 보라 한다. 부모는 함께 가라 하고 학부모는 앞서가라 한다. 부모는 꿈을 꾸라 하고 학부모는 꿈꿀 시간을 주지 않는다." 여기에 덧붙인다면 부모는 아이들의 꿈을 응원하고, 학부모는 자신의 꿈을 아이들에게 일방적으로 주입한다. 아이들이 스스로 꿈을 갖도록 도와주고, 아이의 꿈을 진심으로 듣고, 그 꿈을 실현할 수 있는 구체적인 방법을 조언해주는 것이 바람직하다.

아이들이 자신의 꿈을 갖고 미래를 준비하게 하는 좋은 방법 중 하나는 스스로의 꿈을 글로 적어보게 하는 것이다. 실제 1979년 하버드대 경영대학원에서 있었던 일인데, 이 대학원 재학생들을 대상으로 졸업 후 목표에 대한 의식조사를 했다고 한다.[50] 이 조사에서 구체적 목표가 없다고 답한 학생은 84%, 장래목표는 있지만 구체적으로 적어본 적이 없다고 답한 학생은 13%였고, 나머지 3%의 학생은 명확한 목표도 있고 이를 구체적으로 적어보았다고 답했다. 10년 후 같은 이들을 대상으로 추적조사를 한 결과, 장래목표를 종이에 구체적으로 적어본 3%의 졸업생들은 나머지 97%의 졸업생들보다 10배가 넘는 돈을 벌고 있는 것으로 조사됐다고 한다. 이렇게 자기 생각과 목표를 구체적으로 적어보는 것은 막연히 미래를 꿈꾸는 것보다 훨씬 효과적이며 스스로에 대한 동기부여가 될 수 있다.

꿈은 처음에는 방향을 정하고 점점 구체화하는 것이 좋다. 어릴 때는 장래희망의 큰 분야를 먼저 정하고 중학교, 고등학교로 올라가면서 점점 영역을 좁히고 좀 더 구체화하는 것이다. 초등학교 저학년 전후에 큰 분야를 정하고 중학교 1~2학년 때는 세부적인 직업 리스트를 작성해보면 좋을 것 같다. 가령 어릴 때는 스포츠선수, 연예인, 과학자, 사업가 등 적성에 맞는 범주 정도만 정하고, 일단 아이의 생각이 견고해지면 좀 더 세부적인 직업을 함께 찾아주는 것이다. 과학자 중 물리학자인지, 생물학자인지, 천문학자인지 등으로 좁히다 보면 그 꿈이 구체화될 수 있다. 꿈이 구체화되면 자신의 미래를 준비하기 위한 세부적인 방법과 계획을 구상할 수 있다. 물론 그 과정에서 시행착오도 겪을 것이고 때로는 희망직업의 범주가 달라질 수도 있다. 하지만 그런 지난한 과정을 거치면서 아이들이 장래희망을 자신의 꿈으로 체화하는 과정이 중요하다. 공부에 있어서 자기주도 학습이 중요하듯이, 희망직업을 모색할 때도 아이들 스스로 자신의 미래를 상상하고 자신의 꿈을 그려나가는 것이 중요하다. 우리 아이들의 미래는 숙명처럼 정해져 있는 것이 아니다. 미래를 예측하는 가장 좋은 방법은 미래를 창조하는 것이다. 우리 아이의 미래직업도 아이가 원하는 직업을 갖게 되도록 자기 미래를 스스로 만들어가는 것이 바람직하다.

경험, 부모가 줄 수 있는 최고의 선물

아이가 자신의 꿈을 갖게 하기 위해 부모가 해줄 수 있는 것은 무엇일까. 어릴 때부터 캠프든 여행이든 다채로운 경험을 할 수 있게 도와주는 것이 좋다. 가능하다면 자신의 롤모델이 될 수 있는 사람을 만나게 해주는 것도 좋은 방법이다.

2021년 11월, 대전에 있는 국립중앙과학관이 국제과학관심포지엄을 개최했는데 당시 필자는 세션의 좌장으로 참여했었다(심포지엄 이후 생각한 바를 정리해 '과학이 자본이 되는 시대'라는 칼럼을 머니투데이에 기고했다).[51] 이 심포지엄의 주제는 '과학자본(Science capital)'이었다. 기조강연을 했던 영국의 교육학자 루이스 아처(Louise Archer) 교수는 어릴 때 과학을 좋아하는 사람은 많지만 정작 과학자를 꿈꾸는 경우는 적다면서 과학자본의 중요성을 강조했다. 그가 말하는 과학자본이란 과학과 관련된 지식, 환경, 경험, 관계 등을 총칭한다. 과학에 대한 관심과 이해, 과학적 소양, 과학적 태도나 가치, 학교교육 이외의 과학 관련 경험, 가정에서의 과학적 분위기 등을 들 수 있다.

가령 과학친화적 가정환경, 과학관에서의 과학체험, 전문적인 과학지식 등은 과학자본 형성을 가능하게 해주며, 주변에 알고 지내는 과학자가 많은 것도 적지 않은 영향을 미친다는 것이다.

부모나 친척 중에 과학자가 있으면 어릴 때부터 과학친화적인 분위기 속에서 자라나고 자연스럽게 과학에 대한 관심과 이해가 높아질 가능성이 크다. 이런 무형의 집안 환경이나 경험적 자산 등이 아이들의 미래직업관 형성에 크게 영향을 미친다.

부모의 친척, 친구들 중 성공한 사람과 가깝게 지내고 자주 만나 이야기를 나누는 것은 아이들의 미래가치관 형성에 도움이 될 수 있다. 부모가 아이와 함께 저명인사, 베스트셀러 저자의 강연을 들으러 다니고 사인을 받거나 함께 사진을 찍는 것도 좋다. 과학자, 법률가, 의사 등을 미리 염두에 두고 희망직업을 결정하게 해서는 안 된다. 정말 서로 다른 분야, 다양한 직업에 대한 간접체험을 하게 해주고 더 많은 선택지를 제공할 수 있도록 도와주는 것이 부모의 역할일 것이다. 그 이후에 선택은 아이에게 맡겨야 한다.

참고자료

1 클라우스 슈밥 저, 송경진 역, 《클라우스 슈밥의 제4차 산업혁명》, 메가스터디북스, 2016, p.52
   (* 원출처: 소프트웨어와 사회의 미래에 관한 글로벌어젠다카운슬, 〈거대한 변화 - 기술의 티핑포인트
   와 사회적 영향〉, 세계경제포럼, 2015)

2 신나리, "내 아들 죽인 3D프린터… 위험한지 알고 쓰나", 오마이뉴스, 2021.5.31

3 주경철, "역사를 이루는 '심해' 같은 민중의 삶 - 페르낭 브로델의 삶과 《물질문명과 자본주의》(전
   6권)", 〈출판저널(213호)〉, 1997, p.20~21

4 니콜라스 네그로폰테 저, 백욱인 역, 《디지털이다》, 커뮤니케이션북스, 1999, p.6~7

5 현승일, 《사회학》, 박영사, 2012, p.63

6 구본권, 《로봇 시대, 인간의 일》, 어크로스, 2015, p.84(* 원출처: Daphne Koller, "The Future of
   College: It's Online", 〈The Wall Street Journal〉, 2015.4.26)

7 박희진, "무크MOOC의 세계… 어디서든 원하는 대학 강의 듣고 학점 인정받는다", 에듀인뉴스,
   2019.9.20

8 World Future Society, 〈Top 10 Disappearing Futures〉, 2013

9 구본권, "'거꾸로 교실' 다큐 만들다 제 인생도 뒤바뀌었죠", 한겨레, 2016.10.16

10 가트너 사이트(gartner.com)

11 조영은, "가천대, AR·VR 기술 활용한 수업 진행", 한국대학신문, 2019.10.15

12 김윤희, "메타버스, 내년 공공·민간에서 대활약", 지디넷코리아, 2021.12.1(2021.12.2 수정)

13 김정민·전이슬, 〈2021년 SW산업 10대 이슈 전망〉 연구보고서, SPRi(소프트웨어정책연구소),
   2021.7

14 문보경·김명희, "미래교육 디지털전환 'K-에듀통합플랫폼' 밑그림 나왔다", 전자신문, 2021.7.
   21(2021.7.22 지면)

15 최연구, "책의 미래, 독서의 미래", 〈대교배움총서〉 통권 2호 《디지털 세대의 독서를 묻다》, 2019

16 고석현, "전국민 독서율·독서량 줄었는데 20대만 올랐다, 반전결과 이유는", 중앙일보, 2022.1.16

17 최연구, "[삶과 문화] 놀이와 공부", 한국일보, 2018.12.1

18 미첼 레스닉 저, 최두환 역, 《미첼 레스닉의 평생유치원》, 다산사이언스, 2018, p.28~29

19 이정규, 《부모와 아이가 함께 성공하는 미래교육 전략》, 자음과모음, 2020, p.85~91

20 김열규, 《공부: 김열규 교수의 지식 탐닉기》, 비아북, 2010, p.208~210

21 "Projected GDP Ranking", StatisticsTimes, 2021.10.26(* 원출처: International Monetary Fund,
   〈World Economic Outlook〉, 2021.10)

22 SK그룹 사이트(sk.co.kr/ko/careers/person.jsp)

23 이서희, "AI 컴퓨터 알파고, 바둑 1000년 공부한 셈", 한국일보, 2016.1.29

24 World Economic Forum, 〈New Vision for Education: Unlocking the Potential of Technology〉,
   2015, p.3

25 최연구, 《샴페인에서 바게트, 빅토르 위고에서 사르트르 - 어원으로 풀어본 프랑스 문화》, 살림,
   2020, p.157~162

26　교육부 보도자료, 〈'2022 개정 교육과정' 총론 주요사항 발표〉, 2021.11.24

27　김경희 저, 손성화 역, 《4차 산업혁명 시대 창의인재를 만드는 미래의 교육》, 예문아카이브, 2019, p.17~18, p.118, p.175, p.216, p.274

28　최연구·윤종현 외 저, 김신 그림, 《4차 산업혁명시대의 과학문화와 창의성》, 한국과학창의재단, 2018, p.128~129(* 원출처: Robert J. Sternberg, "WICS as a model of giftedness", 〈High Ability Studies, 14(2)〉, 2010, p.109~137)

29　나이절 섀드볼트·로저 햄프슨 공저, 김명주 역, 《디지털 유인원》, 을유문화사, 2019, p.11~13

30　한국교육학술정보원 연구보고서, 〈2019년 국가수준 초·중학생 디지털 리터러시 수준 측정 연구〉, KR 2019-6, 2019.12.27

31　정성민, "[기획-미래교육]③ '인터넷' 세계 1위지만… 코딩을 모르는 나라", 뉴스포스트, 2021. 8.20(2021.8.25 수정)

32　정보교육확대추진단, 〈디지털 대전환 시대의 모든 아이를 위한 보편적 정보 교육 확대 방안〉, SPRi(소프트웨어정책연구소), 2021.6, p.23

33　럭스로보 사이트(global.luxrobo.com)

34　"Grit: The power of passion and perseverance", TED Talks Education, 2013.4

35　이정규, "[공기업 감동경영]日아이들 희망직업 1위 '박사·학자' 이유 있다", 동아일보, 2018.2.26

36　교육부 보도자료, 〈2021 초·중등 진로교육 현황조사 결과 발표〉, 2022.1.18(2022.1.19 지면)

37　박지은, "4차 산업혁명은 왜 대한민국에 기회인가?", UPI뉴스, 2021.6.15

38　한국고용정보원 연구보고서, 〈2021 한국직업전망〉, 2020.12.31

39　리처드 플로리다 저, 이길태 역, 《신창조 계급》, 북콘서트, 2011, p.137~138

40　최연구, "[투데이 窓]뉴머러시, 디지털 시대의 문해력", 머니투데이, 2021.10.1

41　호리에 다카후미·오치아이 요이치 공저, 전경아 역, 《10년 후 일자리 도감》, 동녘라이프, 2019, p.77~147

42　최정희, "'햄버거집에 키오스크'… 로봇에 일자리 뺏기고 '4개월 이상 논다' 36만명", 이데일리, 2021.7.21(2021.7.22 수정)

43　한국고용정보원 연구보고서, 〈함께할 미래, for 2030 신직업〉, 2020.12.30

44　최연구, "[시론] 창업 열기와 고시 열풍", 한국대학신문, 2017.1.8(2017.5.24 수정)

45　한국과학창의재단 조사, 〈한중일 창의문화 인식비교〉, 2013.11

46　정아란, "나를 믿는 사람의 존재가 성공에 큰 영향", 연합뉴스, 2015.1.11

47　한국고용정보원 보도자료, 〈AI·로봇 - 사람, 협업의 시대가 왔다!〉, 2016.3.24(2016.3.25 지면)

48　Carl Benedikt Frey & Michael A. Osborne, 〈The Future of Employment: How Susceptible Are Jobs to Computerisation?〉, Oxford Martin School Working Paper, 2013.9.17

49　문일요, "웹툰 작가·유투버… 어린이 꿈 구체적이고 다양해졌다", 소년한국일보, 2016.7.14

50　최연구, 《미래를 보는 눈》, 한울엠플러스, 2017, p.59

51　최연구, "[투데이 窓]과학이 자본이 되는 시대", 머니투데이, 2021.11.23

| 일러두기 |

이 책은 교육·과학 관련 서적 및 전문적 보고서 등의 자료와 최신 데이터를 최대한 반영했습니다.
참고자료들은 인용허기를 최대한 받고자 했고 출처는 모두 미주로 밝혔습니다. 만약 누락이 있다
면 알려주시기 바랍니다.

10~15세
미래 진로 로드맵

2022년 03월 24일 초판 01쇄 발행
2023년 05월 25일 초판 02쇄 발행

지은이 최연구

발행인 이규상 편집인 임현숙
편집팀장 김은영 책임편집 정윤정 교정교열 김화영
디자인팀 최희민 두형주 마케팅팀 이성수 김별 강소희 이채영 김희진
경영관리팀 강현덕 김하나 이순복

펴낸곳 (주)백도씨
출판등록 제2012-000170호(2007년 6월 22일)
주소 03044 서울시 종로구 효자로7길 23, 3층(통의동 7-33)
전화 02 3443 0311(편집) 02 3012 0117(마케팅) 팩스 02 3012 3010
이메일 book@100doci.com(편집·원고 투고) valva@100doci.com(유통·사업 제휴)
포스트 post.naver.com/100doci 블로그 blog.naver.com/100doci 인스타그램 @growing__i

ISBN 978-89-6833-369-9 13590
ⓒ최연구, 2022, Printed in Korea